JN013393

東京大学工学教程

基礎系 化学

無機化学II 金属錯体化学

東京大学工学教程編纂委員会 編

石井和之
北條博彦 著
西林仁昭

Inorganic Chemistry II
Metal Complexes Chemistry
SCHOOL OF ENGINEERING
THE UNIVERSITY OF TOKYO

丸善出版

東京大学工学教程

編纂にあたって

　東京大学工学部，および東京大学大学院工学系研究科において教育する工学はいかにあるべきか．1886 年に開学した本学工学部・工学系研究科が 125 年を経て，改めて自問し自答すべき問いである．西洋文明の導入に端を発し，諸外国の先端技術追奪の一世紀を経て，世界の工学研究教育機関の頂点の一つに立った今，伝統を踏まえて，あらためて確固たる基礎を築くことこそ，創造を支える教育の使命であろう．国内のみならず世界から集う最優秀な学生に対して教授すべき工学，すなわち，学生が本学で学ぶべき工学を開示することは，本学工学部・工学系研究科の責務であるとともに，社会と時代の要請でもある．追奪から頂点への歴史的な転機を迎え，本学工学部・工学系研究科が執る教育を聖域として閉ざすことなく，工学の知の殿堂として世界に問う教程がこの「東京大学工学教程」である．したがって照準は本学工学部・工学系研究科の学生に定めている．本工学教程は，本学の学生が学ぶべき知を示すとともに，本学の教員が学生に教授すべき知を示す教程である．

2012 年 2 月

2010-2011 年度
東京大学工学部長・大学院工学系研究科長　北　森　武　彦

東京大学工学教程

刊 行 の 趣 旨

　現代の工学は，基礎基盤工学の学問領域と，特定のシステムや対象を取り扱う総合工学という学問領域から構成される．学際領域や複合領域は，学問の領域が伝統的な一つの基礎基盤ディシプリンに収まらずに複数の学問領域が融合したり，複合してできる新たな学問領域であり，一度確立した学際領域や複合領域は自立して総合工学として発展していく場合もある．さらに，学際化や複合化はいまや基礎基盤工学の中でも先端研究においてますます進んでいる．

　このような状況は，工学におけるさまざまな課題も生み出している．総合工学における研究対象は次第に大きくなり，経済，医学や社会とも連携して巨大複雑系社会システムまで発展し，その結果，内包する学問領域が大きくなり研究分野として自己完結する傾向から，基礎基盤工学との連携が疎かになる傾向がある．基礎基盤工学においては，限られた時間の中で，伝統的なディシプリンに立脚した確固たる工学教育と，急速に学際化と複合化を続ける先端工学研究をいかにしてつないでいくかという課題は，世界のトップ工学校に共通した教育課題といえる．また，研究最前線における現代的な研究方法論を学ばせる教育も，確固とした工学知の前提がなければ成立しない．工学の高等教育における二面性ともいえ，いずれを欠いても工学の高等教育は成立しない．

　一方，大学の国際化は当たり前のように進んでいる．東京大学においても工学の分野では大学院学生の四分の一は留学生であり，今後は学部学生の留学生比率もますます高まるであろうし，若年層人口が減少する中，わが国が確保すべき高度科学技術人材を海外に求めることもいよいよ本格化するであろう．工学の教育現場における国際化が急速に進むことは明らかである．そのような中，本学が教授すべき工学知を確固たる教程として示すことは国内に限らず，広く世界にも向けられるべきである．

　現代の工学を取り巻く状況を踏まえ，東京大学工学部・工学系研究科は，工学の基礎基盤を整え，科学技術先進国のトップの工学部・工学系研究科として学生が学び，かつ教員が教授するための指標を確固たるものとすることを目的として，時代に左右されない工学基礎知識を体系的に本工学教程としてとりまとめた．本工学教程は，東京大学工学部・工学系研究科のディシプリンの提示と教授指針の明示化であり，基礎(2年生後半から3年生を対象)，専門基礎(4年生から大学院修士課程を対象)，専門(大学院修士課程を対象)から構成される．したがって，工学教程は，博士課程教育の基盤形成に必要な工学知の徹底教育の指針でもある．工学教程の効用として次のことを期待している．

- 工学教程の全巻構成を示すことによって，各自の分野で身につけておくべき学問が何であり，次にどのような内容を学ぶことになるのか，基礎科目と自身の分野との間で学んでおくべき内容は何かなど，学ぶべき全体像を見通せるようになる．
- 東京大学工学部・工学系研究科のスタンダードとして何を教えるか，学生は何を知っておくべきかを示し，教育の根幹を作り上げる．
- 専門が進んでいくと改めて，新しい基礎科目の勉強が必要になることがある．そのときに立ち戻ることができる教科書になる．
- 基礎科目においても，工学部的な視点による解説を盛り込むことにより，常に工学への展開を意識した基礎科目の学習が可能となる．

東京大学工学教程編纂委員会　　委員長　加　藤　泰　浩
　　　　　　　　　　　　　　　　幹　事　吉　村　　　忍
　　　　　　　　　　　　　　　　　　　　求　　　幸　年

基礎系 化学

刊行にあたって

　化学は，世界を構成する「物質」の成り立ちの原理とその性質を理解することを目指す．そして，その理解を社会に役立つ形で活用することを目指す物質の工学でもある．そのため，物質を扱うあらゆる工学の基礎をなす．たとえば，機械工学，材料工学，原子力工学，バイオエンジニアリングなどは化学を基礎とする部分も多い．本教程は，化学分野を専攻する学生だけではなく，そのような工学を学ぶ学生も念頭に入れ編纂した．

　化学の工学教程は全20巻からなり，その相互関連は次ページの図に示すとおりである．この図における「基礎」，「専門基礎」，「専門」の分類は，化学に近い分野を専攻する学生を対象とした目安であるが，その他の工学分野を専攻する学生は，この相関図を参考に適宜選択し，学習を進めてほしい．「基礎」はほぼ教養学部から3年程度の内容ですべての学生が学ぶべき基礎的事項であり，「専門基礎」は，4年から大学院で学科・専攻ごとの専門科目を理解するために必要とされる内容である．「専門」は，さらに進んだ大学院レベルの高度な内容となっている．

＊　　＊　　＊

　本書は金属錯体化学をテーマとしている．対象とする物質の多くは有機化合物と金属イオンの複合体であり，その物性や反応性は非常に多様性に富んでいる．そのため本書では，数多くの元素や反応を網羅するよりも，量子化学・熱力学・電子論に基づいた金属錯体化学の原理・機構を系統的に説明することに注力している．前半では，金属錯体の電子状態を結晶場理論と配位子場理論を用いて説明し，その反応を化学平衡論や速度論を基にして学ぶ．後半では，さまざまな有機金属錯体とともに，関連する触媒反応や金属タンパク質の生物学的機能について学ぶ．

　本書は「無機化学Ⅰ」の知識を前提にしているが，「無機化学Ⅲ」「物理化学Ⅱ」「分析化学Ⅱ」「量子化学」とも関連が深い．これらの巻もあわせて読まれたい．

東京大学工学教程編纂委員会
化学編集委員会

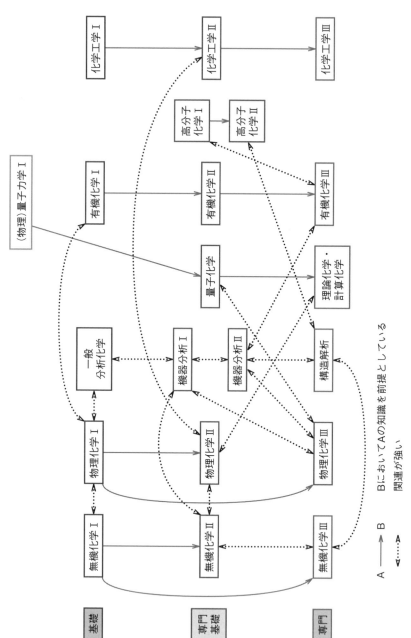

工学教程（化学分野）相互相関図

A ──→ B　Bにおいて A の知識を前提としている

A ┄┄▶ A　関連が強い

目　　次

は　じ　め　に

　本書は「金属錯体化学」について解説することを目的としている．理論的アプローチを行える典型的な系を中心に取り扱う物理化学分野，または含炭素化合物のみを取り扱う有機化学分野などに比べ，さまざまな元素を取り扱う無機化学は，雑多な系を理解しなければならないという印象を受けやすい分野であるといえよう．金属錯体化学は，有機化合物と金属イオンの複合体であることが多く，有機化学との境界領域に相当するため，無機化学の中でもさらなる多様性を有する学問である．機能や応用の観点から俯瞰すると，有機化合物を含まない無機化合物のみ，または有機化合物のみでは達成できない機能を，これらを複合化した金属錯体が担うことが近年多くなってきている．これは，機能性材料開発の最前線と金属錯体化学の多様性がマッチングしてきたことを示している．すなわち，金属錯体化学は，現代の「工学」において必要不可欠な化学であるといえよう．

　さらに生物無機化学においては，ほとんどが有機化合物で構成されており，全体の数％以下に相当する金属イオンが主要な機能を果たす例がいくつもあげられる．そのような観点から金属錯体化学は，無機化学・有機化学・生物化学をまたがった知識を求められる分野であるともいえよう．一方で金属錯体化学は，量子化学的考察に基づいた配位子場理論や熱力学的考察および電子論に基づいたさまざまな反応・触媒反応により構成されており，体系だって学ぶことができる分野でもある．これを通し，(1) 物理化学で学んだ量子化学・熱力学を実践でき，(2) 有機化学反応で利用されるさまざまな触媒機構を具体的に学び，(3) 生物化学におけるさまざまな金属タンパク質を分子レベルで理解できるともいえる．このように金属錯体化学は，さまざまな化学分野の“交差点”に相当しており，物理化学・有機化学・生物化学・材料化学と並行して学修することにより，さまざまな学問を俯瞰して理解できる利点を有する．

　そこで本書は，さまざまな元素を網羅し，数多くの事例を可能な限り紹介するというアプローチは避け，量子化学・熱力学・電子論に基づいた金属錯体化学の原理・機構を丁寧に紹介することに専念している．一方，それらがいかに工学的応用や生物学的機能に結びついているかについても紹介する形式をとった．

　本書の構成は，以下のとおりである．1章“序論”では，錯体化学とはどのよ

うな分野であるかを理解しやすいように，工学的応用や生物学的機能の観点から身の回りの金属錯体の紹介に注力した(1.1 節)．また，錯体化学におけるさまざまな定義も，序論において説明する(1.2～1.4 節)．2 章 "Werner 型錯体の化学"の金属錯体の電子状態(2.1 節)では，Werner 型金属錯体の電子状態を結晶場理論および配位子場理論を用いて説明する．ここでは，量子化学的理解へも踏み込めるように，必要に応じて式なども積極的に加えた．金属錯体の反応(2.2 節)では，さまざまな反応を，化学平衡論，速度論および熱力学的考察などの原理・機構と結び付けながら説明している．3 章 "有機金属化学"では，18 電子則をもとに，Werner 型金属錯体・有機化合物と比較することで，有機金属錯体の概要を説明し，さまざまな有機金属錯体を紹介する(3.1 節)．さらに，有機金属錯体の反応(3.2 節)では，多様な酸化的付加と還元的脱離を反応の原理として学び，その応用例として，有機金属錯体を触媒とするさまざまな反応(3.3 節)を紹介する．4 章 "生物無機化学"では，生体内における Werner 型金属錯体，有機金属錯体の具体的な例として，さまざまな金属タンパク質を紹介し，生物学的機能における金属イオンの重要性を説明する．これらを学修することで，金属錯体化学の基礎を，原理・機構から修得するだけでなく，「工学」の観点から関連分野を俯瞰する能力を養うことが望まれる．

1 序　論

1.1　錯体化学とは

　金属イオンと有機配位子または無機配位子から構成される金属錯体は，われわれの身の回りで大変重要な役割を果たしている鍵物質である．これから錯体化学全般を学ぶ前に，それらの機能と応用をもとにその重要性を俯瞰することは，非常に有用であろう．この節では，身の回りで機能する金属錯体を概観するとともに，錯体化学の成り立ちについても概説する．

1.1.1　配位結合に基づいた金属錯体の機能

　有機化合物に比べて，金属錯体がもつ特長の一つは，さまざまな金属イオンと有機配位子または無機配位子を組み合わせることで，複合的な性質を実現できることにある．ここで，金属イオンと配位子の結合は，配位結合とよばれるが，共有結合と比べ，配位と脱離が容易であることは重要な特徴である．この特徴を利用した金属錯体の機能の例を二つ紹介する．

　最初にヘモグロビンのヘムについて紹介する（詳細は 4.1.1 項参照）．ヘモグロビンは四つのサブユニットが集まって構成されており，そのサブユニットはポリペプチド部位のグロビンと鉄錯体ヘム部位から構成されている（図 1.1）．この鉄錯体ヘムは，動物の血液において酸素分子を運搬するヘモグロビンの機能を司っている．具体的には，肺のような血中酸素分圧が高い組織で酸素分子と結合し，分圧が低い末梢組織で酸素分子を放出することにより，酸素分子を運搬している．この酸素分子運搬能は，タンパク質が与える環境とともに，鉄イオンと酸素分子の結合生成が，可逆であることに起因する．

　次に，世界で最も利用されている抗がん剤として，白金錯体シスプラチン（図1.2）を紹介する．この錯体が投与されると，Pt（Ⅱ）イオン上の塩化物イオン（Cl^-）は DNA のグアニンなどと交換され，DNA と配位結合を形成する．これに伴い，DNA の情報複製が阻害され，抗がん作用を示すこととなる（詳細は 4.4 節

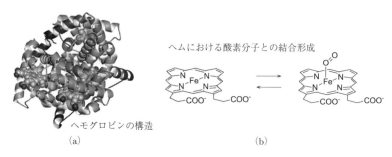

ヘムにおける酸素分子との結合形成

ヘモグロビンの構造
(a)   (b)

図 1.1   (a) ヘモグロビンの構造と，(b) 鉄錯体ヘムの酸素分子との結合形成
(a)：タンパク質構造データバンク (PDBj) より

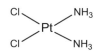

図 1.2   シスプラチン (cis-$[PtCl_2(NH_3)_2]$) の分子構造

参照).

　このように配位結合には，通常の有機化合物の共有結合では達成できない特別な機能を付加することができる．配位結合の発見および配位化学の第一歩は，Werner (ウェルナー) の配位説の体系化であった．19世紀後半，原子は，簡単な比もしくはそれらの比の単純な倍数で化合していると信じられていた．また原子は，ある限定された数の原子価 (典型元素に対しては一つか二つ) を示すものと考えられていた．しかし，しだいにこれらの規則の例外が多数あることが明らかとなってきた．たとえば2元系化合物中のコバルトは二つの原子価 (2と3) しか示さないことが知られていたが，塩化コバルト $CoCl_3$ はアンモニアと多様な化合物 $CoCl_3 \cdot (NH_3)_n$ ($n = 3 \sim 6$) をつくる．これに対する初期の説明として，塩化アンモニウムにおいて，窒素が4という原子価を示すことと同じように，アンモニア分子が NH_3—NH_3—…と連鎖をつくる "配位のカテネーション説" が通説として受け入れられていた．

　Werner が提唱した最初の仮説は，通常の原子価に加えて，原子が第二の結合傾向を示すというものである．Werner は，電気伝導度の実験と塩化物イオンを $AgNO_3$ で沈殿させる実験を組み合わせて，コバルトの配位数は6であると結論

した．次に Werner は，幾何学構造という理論的概念を確立した．二座配位子であるエチレンジアミンが配位したコバルト錯体を合成し，この光学異性体を分割することで，配位化合物は不斉になり得ることを証明した．これらを第一歩とし，錯体化学は発展していったのである．

1.1.2 酸化還元活性であることを利用した金属錯体の機能

　多くの金属錯体が有するもう一つの特長として，"酸化還元活性"であることがあげられる．有機化合物においては，1s 軌道，2s 軌道および 2p 軌道が共有結合に強く関与し，結合性軌道である σ 軌道・π 軌道，反結合性軌道である σ^* 軌道・π^* 軌道などを形成する．一方，配位子の軌道と金属イオンの d 軌道との間には，相互作用がある場合でもその相互作用は比較的小さく，無視できる場合も多い．これより，主に d 軌道に由来する軌道は安定化した σ 軌道，π 軌道より高く，不安定化した σ^* 軌道，π^* 軌道に比べ低いエネルギーをもつことが多くなる．そのため，多くの金属錯体は，"酸化還元活性"となる．この特性は，生物学および最先端工学材料の観点からきわめて有用である．

　"酸化還元活性"である金属錯体の性質を利用している例として，ミトコンドリアにおける電子伝達系を紹介する（詳細は 4.1.2 項参照）．ミトコンドリア内膜では，NADH から，還元電位が正側の分子へ段階的に電子を伝達し，やがて酸

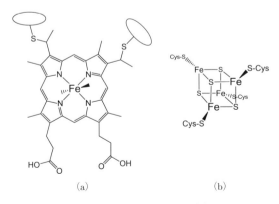

(a) (b)

図 **1.3** ミトコンドリアにおいて電子を伝達する (a) シトクロムのヘムと，
(b) 鉄硫黄クラスターの分子構造

素分子を水分子に還元する．電子伝達で得られた電気化学エネルギーにより，内膜より内側における水素イオン濃度は，内膜と外膜間のスペース（膜間スペース）における水素イオン濃度よりも低くなる．ATP 合成酵素は，この濃度勾配を利用し，アデノシン二リン酸（ADP）をアデノシン三リン酸（ATP）へ変換している．すなわち，生化学的エネルギーの源である ATP は，電子伝達系における電気化学エネルギーを利用して合成される．この電子伝達系には，シトクロムのヘムや鉄硫黄のクラスター（図 1.3）などの "酸化還元活性" な金属錯体が不可欠である．シトクロムでは，配位子を変えることなどにより，3d 軌道のエネルギーを巧みに調節しており，これより，有意かつ段階的に酸化還元電位は変化している．

　最先端工学材料における "酸化還元活性" の利用例として，光による電子移動（酸化還元）を利用した太陽電池があげられる（図 1.4）[1]．1991 年にローザンヌ，スイス連邦工科大学（EPFL）Grätzel らのグループは，多孔質二酸化チタン電極にルテニウム錯体を修飾した太陽電池を報告した．その光電変換効率が 7.12% と従来の太陽電池に匹敵する値を示したことから，その実用デバイスとしての可能性が注目された．具体的な過程は，以下の四つに分けられる．① 可視光により励起された色素分子から二酸化チタン電極の伝導帯へ電子が注入される．ここで色素分子は電子を失った酸化型となる．② 二酸化チタンに注入された電子はガラス基板上の透明導電膜を通って外部回路へ導かれる．③ 酸化型色素分子は，電解質中の還元剤から電子を受け取ることにより，もとの還元型へ回復する．④電子を失った電解質中の電荷輸送担体は対電極から再び電子を受け取ることにより，もとの酸化状態に回復する．このような過程を繰り返すことにより太陽電池

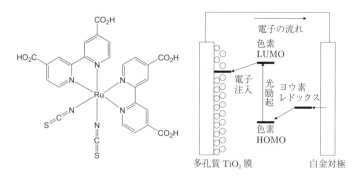

図 1.4　Ru 錯体を用いた色素増感太陽電池の例

として作動する(詳細は 2.2.2 項参照). ここで, 配位子および金属イオンの組合せにより, 得られる金属錯体の光吸収波長を制御(さまざまな色をもたせること)できることも金属錯体の特長といえよう(詳細は 2.1.6 項参照).

1.1.3 結晶場理論と配位子場理論の歴史

このような金属錯体の"さまざまな色"や"酸化還元活性"においては, 遷移金属イオンの d 軌道に主に由来する軌道のエネルギーが重要となる. 金属錯体における d 軌道のエネルギーは配位子場理論によって見積もることができる. 詳細は 2.1 節で説明するが, ここでは, 結晶場理論および配位子場理論がいかに確立されてきたのかを概説する.

遷移金属イオンの発色が最も美しく魅力的な形で現れたのが宝石である. 大部分の宝石は, 酸化アルミニウム(アルミナ), アルミノケイ酸, 水晶などの典型元素酸化物結晶の中のほんの一部の典型元素陽イオンが遷移金属イオンにより置換されたものである. 遷移金属イオンの d 軌道は, ホスト格子中の酸化物イオンがつくる結晶場によって分裂を起こし, その結果として宝石が発色する. このとき同じ遷移金属イオンでも格子との相互作用の違いにより, まったく違う色を呈することがある. たとえば, ルビーとエメラルドの発色の原因は, ともに Cr^{3+} イオンである. アルミナの Al^{3+} イオンの一部が Cr^{3+} イオンで置き換わったものがルビーであり, アルミノケイ酸ベリリウムの Al^{3+} イオンの一部が Cr^{3+} イ

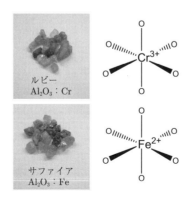

図 1.5 ルビー, サファイアの写真と結晶中の置換された遷移金属イオン

オンで置き換わったものがエメラルドである. ルビーでは, $[Cr(H_2O)_6]^{3+}$ に比べ Cr—O 距離が短いのに対して, エメラルドでは長い. この距離の違いが色の違いを生み出している. サファイアもルビーと同様, アルミナが基本であるが, 少量の Fe^{2+} イオンと Ti^{4+} イオンが, Al^{3+} に置き換わることにより, 美しい青色をした結晶となっている (図 1.5).

　結晶場理論は, このような宝石の色や磁性などを理解するために形成された理論である (詳細は 2.1.3 項参照). 遷移金属イオンが配位子の電場の作用を受けているという "結晶場" の考え方は, Becquerel によって提案され, Bethe によって定量的な理論体系へと発展していった. ここでは, 遷移金属イオンは 6 個の負電荷に囲まれていると仮定し, d 電子の軌道がどのように分裂するかについて調べている. この理論は, 1930 年代から 1940 年代にかけて, J. H. van Vleck によって金属錯体の磁性解明に用いられた. さらに, 1951 年に H. Hartmann が 6 配位 Ti^{3+} 錯体の電子吸収スペクトルの解析に適用したのち, L. E. Orgel による Orgel エネルギー準位図, 田辺・菅野による田辺・菅野エネルギー準位図 (ダイヤグラム, 2.1.6 項 c. 参照) の完成に伴い, 第一周期の遷移金属錯体の d-d 吸収帯は, 結晶場理論により, 定量的に説明されるようになった.

　Bethe が定式化した結晶場理論は, 中心金属と配位子の距離は十分大きく, イオン間電荷移動もないというイオン結合モデルに立脚した理論であった. そのため波動関数は, それぞれのイオンの波動関数の積で表されることとなる. このような結晶場理論とは独立に, Mulliken によって定式化された分子軌道法が金属錯体に適用され始めたのは, 1952 年頃からである. 結晶場理論に対する分子軌道法の特徴は, 中心金属イオンとイオンの距離が近く, 電子雲の重なりが大きい系の説明に適していることである. すなわち分子軌道は, 金属の d 軌道と配位子の軌道が混合したものとして記述される. さまざまな金属錯体が見出されてい

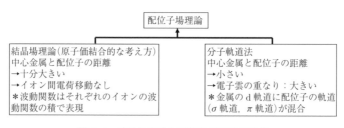

図 1.6　結晶場理論と配位子場理論の関係

く過程において，分光化学系列のような結晶場理論のイオン結合モデルでは対応できない現象が見出されてきた．そのため結晶場理論も，田辺・菅野らによる体系化など，共有結合性の効果を加味した配位子場理論へと進化していった．すなわち配位子場理論とは，分子軌道論の立場に立って共有結合性を取り入れた結晶場理論ということができ，比較的局在化した d 電子系が対象となっている（図1.6）．

1.1.4　錯体化学の工業的利用例

　このような Werner の配位説や配位子場理論の進展とともに，現代の錯体化学は形成されてきた．現在，金属錯体は，これまでに示してきたような化学および生化学における対象から，先端工学や薬学などの実学分野にまで活躍の場を広げている．現代における錯体化学の工業的利用例を二つ紹介する．

　金属錯体が有する特長の一つとして，重金属を含むことがあげられる．金属錯体の重原子効果が重要な役割を果たしている例として，有機電界発光（EL）素子を紹介する．ディスプレイとして実用され，照明などとして期待されている有機EL 素子は，アノードから注入された正孔とカソードから注入された電子が衝突することにより，直接，励起状態が生成される．この際，その生成確率に基づいて，励起一重項状態と励起三重項状態が 1：3 の割合で生じる．励起一重項からの蛍光発光を利用した発光材料の場合，発光状態である励起一重項状態は 25％しか生成せず，75％の励起三重項状態は使われないまま失活する．一方，励起三重項からのりん光発光を利用した発光材料の場合，励起三重項状態はもちろん，励起一重項状態からも項間交差を経て励起三重項状態が生成するので，理論的に100％の効率で発光が生じることになる．ここでりん光は，励起三重項状態から基底一重項状態へのスピン禁制遷移であるため，効率良くりん光を発するには，重原子効果（スピン軌道相互作用）が必要である（詳細は 2.1.6 項参照）．詳細は後述するが，重原子効果の導入において，金属錯体は，最も有用な物質群である．

　Baldo らは，白金（Ⅱ）ポルフィリン錯体，トリス（2-フェニルピリジナト）イリジウム（Ⅲ）錯体（図 1.7）[2]を用いて，りん光性素子の可能性を提案した．これらは，重原子効果により，強いりん光を示す金属錯体である．イリジウム（Ir）錯体を発光層とする EL 素子においては，外部量子効率 8％が実現された．この値は，蛍光性色素における外部量子効率の理論限界と考えられていた 5％を大幅に

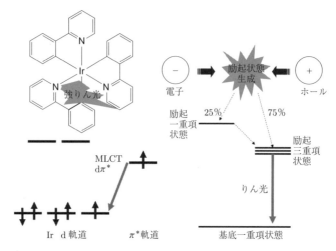

図 1.7 イリジウム錯体の強りん光を用いた有機 EL 素子

上回り，りん光性金属錯体を用いた有機 EL 素子が大いに脚光を浴びる契機となった．りん光性素子では，外部量子効率の理論限界値は 20％ となるが，最近では，この理論限界値に近い数値の性能をもつりん光性 EL 素子も得られるようになってきている．

　金属錯体の一種，有機金属錯体は，配位と脱離の反応を組み合わせた触媒として，数多くの実用例がある（詳細は 3.3 節参照）．パラジウム触媒を用い，芳香族化合物どうしをクロスカップリングさせる根岸クロスカップリングは，炭素と炭素を結合させて新しい有機化合物をつくり出す反応である（図 1.8）．医薬品や液晶，太陽電池など，われわれにとって身近な製品の開発や量産化において大いに用いられている．

　このように金属錯体は，われわれの身の回り，先端工学，薬学などにおいて，大変重要な役割を果たしている物質群である．2 章以降は，錯体化学を基本的なことから修得できるよう構成されている．それらを学ぶ前に，次節以降では，錯体化学の基本的なルールを概説し，2〜4 章を理解するための基礎を学ぶ．2 章では，結晶場理論や配位子場理論をもとに，金属錯体の電子状態および金属錯体の反応を修得することを目的とする．3 章では，18 電子則に基づいた有機金属錯体の電子構造，反応および触媒反応を修得することを目的とする．4 章では，生体

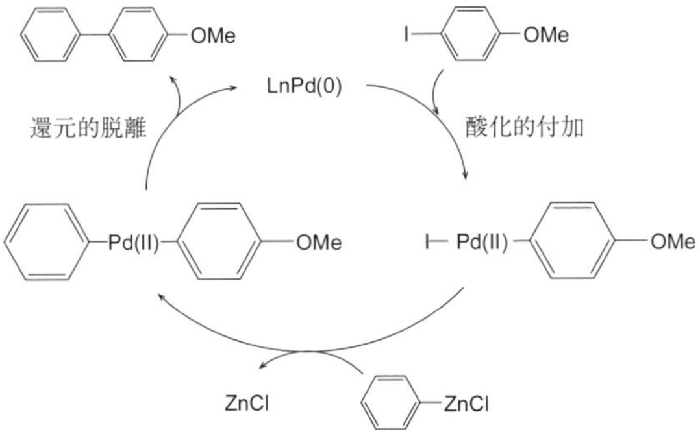

図 **1.8**　根岸クロスカップリング

内で機能するさまざまな金属錯体を概観し，その役割を修得することを目的とする．これらの学修を通じ，金属錯体が関わるさまざまな現象を理解し，合目的金属錯体を分子設計するための基盤を築けるようになることを目指す．

1.2　Werner 型錯体と有機金属錯体

1.1 節でふれたように，金属もしくは金属イオンの周りに陰イオンや中性分子を規則的に配列させた金属錯体は，NH_3 などの無機分子や有機分子とは異なる配位結合を有する．

この配位結合を，イオン結合および共有結合と比較してみよう．組成式 NaCl で表される塩化ナトリウムでは，電気陰性度の大きな Cl は塩化物イオン Cl^- として，電気陰性度の小さな Na は Na^+ として存在する．Na^+ と Cl^- は，正電荷と負電荷の間の静電引力に基づくイオン結合で結合している．酸化数は，Cl において -1，Na において $+1$ となる．

有機分子であるエタン CH_3—CH_3 の C—C 結合では，C と C が電子を共有し，共有結合を形成していると考えられる．C—H のように異核原子間の場合には，原子間の電気陰性度の違いに応じて，共有結合性とイオン結合性の度合が変化する．

酸化数は，2 原子間に共有されている電子対を電気陰性度が大きいほうの原子に与えるルールで決定されるので，C が -3，H が $+1$ となる．

このようなイオン結合および共有結合に対し，配位結合は異なる．例として，

非共有結合性の分子や多原子イオン中の各原子の酸化数は，結合ごとに，以下のルールに従って得られた各原子の電荷を酸化数とする．
①単体中の原子の酸化数は0とする．
②単原子イオンの酸化数はそのイオンの電荷と同じとする．
③非金属イオンと結合したHの酸化数は+I．金属と結合した場合は−I．
④最も電気陰性度の大きいFは化合物中で常にF(−I)である．
⑤Oの酸化数は化合物の中で一般に−IIとなるが，$O_2{}^-$ではO(−1/2)，O_2F ではO(+1/2)，OF_2 ではO(II)である．

[Co(NH_3)_6]Cl_3 を考える．CoとNの間にある電子対は等分せず，中性のNH_3分子がCoに結合していると考えて，Co(III)，N(−III)，H(I)，Cl(−I)となる（酸化数はたとえばPt(II)のように元素記号（あるいは元素名）の後ろにローマ数字で与え，（ ）を付けることとなっている）．結合している原子間に少しでも電子の偏りがあると考えられる場合，イオン結合のように完全に偏らせ酸化数を決めるため，配位子の配位に関与する非共有電子対は，配位子のものとなる．このことは，共有結合性が高い有機化合物に比べ，3d軌道は結合に強く関与しないという特徴と一致する．これは，3d軌道の主要な分布が，4sや4p軌道の主要な分布よりも内側になるためである．[Co(NH_3)_6]Cl_3 中のCo(III)は，Co原子が3電子分酸化されたものであるから，[Ar]3d^6 という電子配置をもっている．このような電子配置をもつ錯体を 3d^6 錯体あるいは d^6 錯体とよぶ．このCo錯体や K_3[Fe(CN)_6]，K_4[Fe(CN)_6] のようなシアニド錯体は，Werner型錯体とよばれる．

　有機金属錯体は，少なくとも一つの金属-炭素をもっている化合物のことである．たとえば，一酸化炭素が配位したカルボニル錯体やアルキル基が配位した錯体は有機金属錯体であり，非Werner型錯体ともよばれる．有機金属における電子計数には，共有結合モデル，イオンモデル両方が可能であるが，詳細は3章で説明する．

　次に，Werner型錯体を中心に，有機化合物と比較することで，錯体の配位数と立体構造に関する特徴を紹介する（図1.9）．たとえば炭化水素や典型元素化合物では，それぞれの元素の原子価に応じて結合数が決定され，原子価殻電子対反発則（VSEPR：valence shell electron pair repulsion rule）で構造が決定される．そ

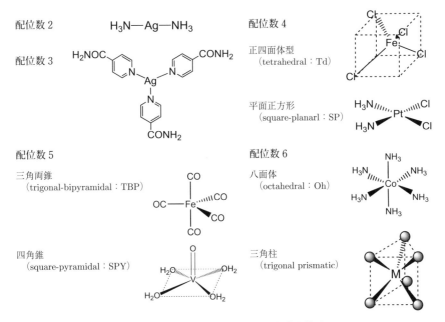

図 1.9　さまざまな金属錯体の配位数と構造

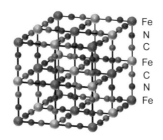

図 1.10　プルシアンブルー錯体のジャングルジム構造

のため，メタン CH_4 における炭素を中心とした正四面体構造，二重結合を有するエチレン $CH_2 = CH_2$ の平面型構造，および三重結合を有するアセチレン $HC \equiv CH$ の直線型構造などが基本的な構造となる．

　一方，金属錯体では，d 軌道が結合に強く関与せず，立体的要請が小さいことから，さまざまな構造が可能となる．正八面体型金属錯体の構造は，有機化合物

では達成できない構造であり，これを連続的に繰り返すことで，包接の観点から有用なジャングルジム型の結晶構造をつくることができる（図1.10）．古くから知られているのはプルシアンブルー類縁体であり，青色顔料としての利用だけでなく，近年では放射性セシウム吸着材として実用されている．最先端科学分野としては，金属-有機構造体（metal organic frameworks：MOF）が注目されており，イオン，分子の包接を基盤としたさまざまな機能が提案されている．

1.3　代表的な配位子

Lewis（ルイス）塩基，すなわち電子対を供与できるものはすべて配位子となり得る．単座と多座の違いを反映する多座キレート効果については，2.2.1項d.で説明する．代表的な配位子を図1.11に示す．

NH_3, CO, Cl^-, H_2O, OH^-, PPh_3, CN^-,
$CHCO_2^-$, H^-, Br^-
　　　　　単座配位子

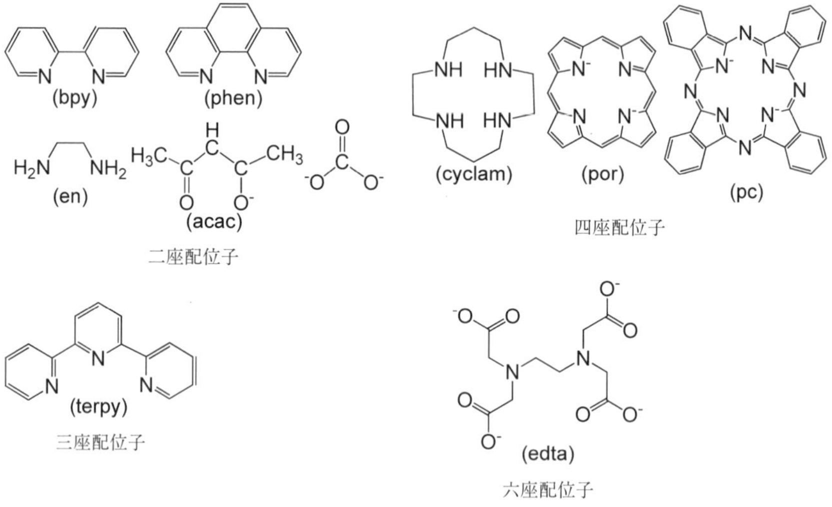

（bpy）　（phen）

（en）　（acac）　　　二座配位子

（cyclam）　（por）　（pc）

　　　四座配位子

（terpy）

三座配位子

（edta）

六座配位子

図 1.11　代表的な配位子

1.4　命　名　法*

　錯体の日本語名は英語による命名法が基本となっている．そこで，必要に応じ
て英語も併記しながら説明する．錯体に含まれる配位子や金属の数を示すために
表1.1の数詞を使う．なお，9と11にはラテン語由来の数詞が使われる．
　中性の配位子名は，ピリジンなどのように分子の名称がそのまま用いられる．
ただし，水，アンモニア，一酸化炭素など少数の例外があり，これらが配位子と
なった場合は，それぞれアクア，アンミン，カルボニルという配位子独特の名称
が使われる．いくつかの具体例を以下にあげて，命名法を説明することとしよ
う．

例1　$[CoCl(NH_3)_5]SO_4$　　ペンタアンミンクロロコバルト（Ⅲ）硫酸塩
　　　　　　　　　　　pentaamminechlorocobalt（Ⅲ）sulfate
　　　錯体を化学式で表記する場合は，錯体部分を[　]で囲む．ここで，アンミ
　　　ンはアンモニアが配位子になったときだけに使われる特別な名称である．
　　　金属名の後ろの（　）内のローマ数字は，その金属の酸化数を示している．
　　　化学式ではまず金属の元素記号を書き，配位子がこれにつづく．中性配位
　　　子は陰イオン性配位子よりも先に書く．

表 1.1　配位子や金属の数を示す数詞

配位子や金属の数	数詞	配位子や金属の数	数詞
1	モノ（mono）	5	ペンタ（penta）
2	ジ（di）	6	ヘキサ（haxa）
3	トリ（tri）	7	ヘプタ（hepta）
4	テトラ（tetra）	8	オクタ（octa）

---

*　陰イオン配位子の名称は，IUPAC命名法に従うと，Cl^-はクロリド（chlorido），Br^-はブロミ
ド（bromido），I^-はヨージド（iodido），O^{2-}はオキシド（oxido）などとなるが，本書では現時点
での名称の使用状況を鑑みて，従来の名称であるクロロ（chloro），ブロモ（bromo），ヨード
（iodo），オキソ（oxo）などを用いている．
　また，エチレンジアミン（ethylenediamine）は，IUPAC命名法に従うとエタン-1,2-ジアミ
ン（ethane-1,2-diamine）であるが，本書では同様に従来の名称を用いている．

例 2 [CoBrCl(NH₃)₄]NO₃　テトラアンミンブロモクロロコバルト（Ⅲ）硝酸塩
tetraamminebromochlorocobalt（Ⅲ）nitrate

陰イオン性配位子や中性配位子の種類が複数ある場合には，それぞれの中で化学式の先頭にくる原子のアルファベット順（ここでは Br→Cl→NH₃ の順）に書く．読み上げるときは，表記法と異なる点がある．配位子は陰イオン性か中性かの区別なく，アルファベット順（ammine→bromo→chloro）に読み上げ，最後に金属名がくる．このとき，アルファベット順にするのは，配位子名であって，数詞は無関係である．なお，クロロやブロモはそれぞれ一つの場合，モノクロロなどとよぶべきであるが，モノは省略されることが多い．

例 3 [CoCl₂(en)₂]Cl　ジクロロビス（エチレンジアミン）コバルト（Ⅲ）塩化物
dichlorobis（ethylenediamine）cobalt（Ⅲ）chloride

数詞ジなどを付けると配位子の名称と紛らわしくなる場合には，ビス bis（2），トリス tris（3），テトラキス tetrakis（4），ペンタキス pentakis（5），ヘキサキス hexakis（6）などを使う．

例 4 K₃[Mn(ox)₃]　トリオキサラトマンガン（Ⅲ）酸カリウム
potassium trioxalatomanganate（Ⅲ）
Na₄[Fe(CN)₆]　ヘキサシアニド鉄（Ⅱ）酸ナトリウム
sodium hexacyanidoferrate（Ⅱ）

陰イオン性の配位子の名称は，陰イオンの英語の名称の語尾の e を o に変えて用い，日本語名はその英語をローマ字読みとする．慣用名が用いられる場合もある．錯体が陰イオンの場合は，酸の陰イオンとみなして，英語では金属の元素名の語尾を ate と変化させ，日本語では酸という語を付ける．

例 5 [(NH₃)₅Cr-O-Cr(NH₃)₅]⁴⁺
μ-オキソ-ビス（ペンタアンミンクロム（Ⅲ））イオン
μ-oxo-bis（pentaamminechromium（Ⅲ））ion

二つ以上の金属を含む錯体を多核錯体とよぶ．金属間を橋架けしている配位子がある場合，その配位子名の前に μ を付け，ハイフンでつなぐ．

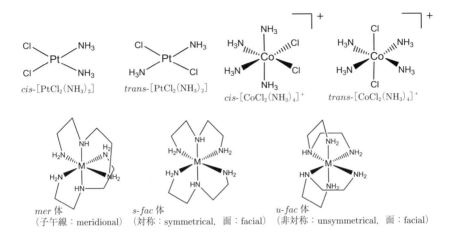

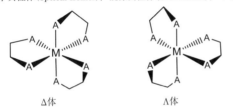

図 1.12　金属錯体の幾何異性体

次に，金属錯体における典型的な幾何異性体とその命名法を説明する．平面四角形型の$[PtCl_2(NH_3)_2]$では，ブタジエンのように，シス異性体およびトランス異性体が存在し，*cis*-$[PtCl_2(NH_3)_2]$，*trans*-$[PtCl_2(NH_3)_2]$とそれぞれよぶ．これは，6配位正八面体型錯体$[CoCl_2(NH_3)_4]^+$の幾何異性体，*cis*-$[CoCl_2(NH_3)_4]^+$，*trans*-$[CoCl_2(NH_3)_4]^+$を表すときにも使われる（図 1.12 参照）．$[Ma_3b_3]$型錯体では，*fac*異性体（fac は面を意味する facial に由来）と *mer* 異性体（mer は子午線を意味する meridional に由来）が可能である．

錯体の場合，たとえば$[Co(en)_3]^{3+}$などの3個の二座配位子を含むトリス（キレート）型錯体の構造とその鏡像とは重ね合わせることができず，キラルな錯体となる．この一対の異性体を鏡像異性体または光学異性体とよぶ．これらは，Δ型，Λ 型とよばれ，たとえば，*cis*-$[CoCl_2(en)_2]^+$の鏡像異性体は，Δ-*cis*-$[CoCl_2(en)_2]^+$，Λ-*cis*-$[CoCl_2(en)_2]^+$と命名される．

2 Werner 型錯体の化学

　本章では，Werner（ウェルナー）型錯体の電子状態とその化学反応について解説する．電子状態とは分子の中の電子の運動のあり様のことであり，これが分子全体のエネルギーを決める．それゆえ電子状態の考察は，「なぜこの錯体は安定に存在できるのか」と考えることに等しい．かたや化学反応の道筋は，化学結合の切れやすさや電子の出入りのしやすさなど，分子の化学的性質に大きく左右される．これら化学的性質もまた，電子状態と深い関係がある．

2.1 金属錯体の電子状態

2.1.1 錯 体 の 構 造

　Werner 型錯体は，金属の陽イオンと，電子対を供与する配位子とから成り立っている（1章）．配位子は単原子イオンのこともあれば，複数原子からなる原子団，あるいはもっと複雑な分子である場合もある．だが当面は簡単のために金属イオンと直接相互作用する原子（**配位原子**）にのみ注目して話を進める．

　配位原子としてはたらくのは，非共有電子対をもつ酸素，窒素，ハロゲンなどである．配位原子の非共有電子対と金属の陽イオンは静電的な力で引き合うので，錯体の形成にはイオン結合的な相互作用が寄与している．しかしそれだけでは錯体の安定性や種々の化学的性質を十分に説明することはできず，金属イオンと配位原子との間には**配位結合**という一種の共有結合が形成されているとみたほうがよい．狭い意味での共有結合は両原子が価電子を一つずつ出し合って形成されるのに対して，配位結合では共有電子対の提供を一方的に配位原子側に頼っている．磁性や可視光の吸収など，Werner 型錯体にみられる物性上のさまざまな特徴は，配位結合によって生み出されるといってもよい．

　Werner 型錯体を形成する代表的な金属イオンは**遷移元素**の陽イオンである．遷移元素の名は，周期表で左側にある**典型元素**（第1, 2族）から右側の典型元素（第12〜17族）へと移り変わる部分に位置することに由来する（19世紀，Mendelejev の時代に命名）．原子の電子状態が量子力学的に記述できるようになったい

までは，原子の nd 軌道と $(n+1)$s 軌道が完全には電子で満たされていない元素と定義される（$n+1$ は周期の番号）[*1]．なお第 12 族元素（Zn, Cd, Hg）は d 軌道が満たされているので典型元素に分類されるが，これらもまた安定な Werner 型錯体を形成し，またその性質が遷移元素の錯体とよく似ていることから，遷移元素の仲間として扱うことが多い．

　主遷移元素の原子は，基本的には $(n+1)$s 軌道に 2 個，nd 軌道に 1〜9 個の電子をもち，ほぼ同じ準位の $(n+1)$p 軌道は空になっている．陽イオンでは，ほぼ例外なく $(n+1)$s 軌道と $(n+1)$p 軌道が空になっており，これらの軌道と配位原子の非共有電子対の軌道が相互作用して配位結合ができる．その際，nd 軌道は結合形成に直接的に関わることはないが，配位結合の安定性を増したり，d 軌道内の電子が安定化（または不安定化）したりすることによって間接的に錯体の安定性に関与する．

　Werner 型錯体の構造は，直線型，正方形型，正四面体型，四角錐型，三方両錐型，正八面体型などさまざまなものがある．実例をいくつかみてみよう．亜鉛の錯体，(a) テトラアンミン亜鉛(II)イオンと(b) テトラクロロ亜鉛(II)イオンはいずれも正四面体型の分子構造をもつ（図 2.1）．Zn^{2+} イオンの 3d 軌道は満たされているから，明らかに d 電子は結合に直接関与していない．一方，4s, $4p_x, 4p_y, 4p_z$ 軌道は空なので，これらの軌道が配位子由来の 8 個の電子（配位子 4 個×各 2 電子）を受け入れる．正四面体の構造から，sp^3 混成軌道が形成されているとみてよい．(a)は全体として +2 価，(b)は −2 価のイオンとなっており，配位子の数 4 は，単純に電荷のバランスから決まるものではない，ということもわかる．

　金属イオンが Zn^{2+} から Cu^{2+} になると状況は一変する（図 2.2）．テトラアンミ

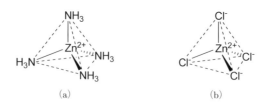

(a)　　　　　　　　　(b)

図 2.1　(a) テトラアンミン亜鉛(II)イオンと(b) テトラクロロ亜鉛(II)イオンの構造

[*1] d軌道が満たされていく元素群を**主遷移元素**，f軌道が満たされていく元素群を**内遷移元素**ともいう．内遷移元素にはランタノイド，アクチノイドが含まれる．

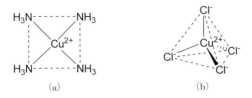

図 2.2　(a) テトラアンミン銅(Ⅱ)イオンと(b) テトラクロロ銅(Ⅱ)イオンの構造

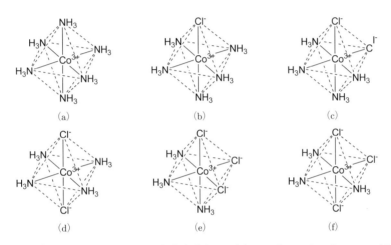

図 2.3　(a) ヘキサアンミンコバルト(Ⅲ)イオン，(b) ペンタアンミンクロロコバルト(Ⅲ)イオン，(c) *cis*-テトラアンミンジクロロコバルト(Ⅲ)イオン，(d) *trans*-テトラアンミンジクロロコバルト(Ⅲ)イオン，(e) *fac*-トリアンミントリクロロコバルト(Ⅲ)イオン，(f) *mer*-トリアンミントリクロロコバルト(Ⅲ)イオン

ン銅(Ⅱ)イオンは正方形だが，テトラクロロ銅(Ⅱ)イオンは正四面体型の分子構造をもつ．全体の電荷は対応する亜鉛錯体と同じだが，Cu^{2+} では d 軌道の電子の数が 9 個しかない．このような些細な組成の差が劇的な構造の違いを生じる．

　遷移金属イオンの価数によっても安定な構造は異なる．金属イオンが Co^{2+} の場合，テトラクロロコバルト(Ⅱ)イオンは，亜鉛や銅のときと同様の正四面体型の分子構造をもつ(ただし，テトラアンミンコバルト(Ⅱ)イオンは安定に存在できない(2.1.4 項 b 参照))．かたや Co^{3+} の錯体では，6 個の配位子が正八面体型に配置された構造が圧倒的に多い．アンモニアと塩化物イオン(3 個まで)を配位子にもつ錯体として，図 2.3 に示すものが知られている．Co^{2+} の場合とは逆に，

塩化物イオンのみを配位子とする錯体は安定に存在できない.

　上記のように錯体の分子構造は多種多様で, 構造を眺めていただけではそこに
どのような原則が潜んでいるのかみてとるのは難しい. 後の項では, 錯体におけ
る d 軌道の電子状態を説明する二つのモデル(結晶場理論と配位子場理論)につ
いて述べる. 配位子の種類と錯体の構造との関係については, これらのモデルを
使ってある程度説明できるので, 2.1.4 項の終わりにもう一度振り返ることにす
る.

2.1.2 量子力学の基礎

　以下の 2.1.3 項および 2.1.4 項では, 錯体の分子構造の安定性を説明する二つの
モデルについて述べる. その際, d 軌道の役割が焦点になるので, d 軌道の具体
的な形を知っておくとよい. 本項では原子の中の電子の軌道について, 水素様原
子を使って概要を示しておく(詳細は文献[1]を参照). この機会に d 軌道以外の
原子軌道についても親しんでおこう.

　量子力学の考え方では, エネルギーに対応する演算子 **H**(ハミルトニアン)の
固有関数で系の状態を表す. 原子の電子状態は電子のハミルトニアンの固有関数
Ψ_{el} で表される. 電子の固有関数はさらに電子の空間的な運動状態を表す波動関
数と, 電子スピンの状態を表すスピン関数の積で近似できる. 以下では孤立した
単原子の, 電子の波動関数に注目する.

　電荷 Ze の核と 1 個の電子からなる仮想的な原子を水素様原子といい, その波
動関数を $\Psi_{n,l,m}$ と書く. この波動関数は以下の関係式(**Schrödinger**(シュレー
ディンガー)**方程式**)を満たしている.

$$\hat{H}\Psi_{n,l,m}(r,\theta,\varphi)=E_{n,l,m}\Psi_{n,l,m}(r,\theta,\varphi) \tag{2.1}$$

ここで n, l, m は順に**主量子数**, **方位量子数**, **磁気量子数**とよばれる整数であ
る. Dirac(ディラック)の記法[2]では, 演算子と関数はともに抽象化されて,

$$\mathcal{H}|n,l,m\rangle=E_{n,l,m}|n,l,m\rangle \tag{2.2}$$

のように表される. このように量子数を $|\rangle$(または $\langle|$ で括った記号を本書では状
態ベクトルとよぶ*2. Dirac の記法は, 電子スピン(2.1.5 項参照)など, 具体的な

---

　*2　括弧⟨　⟩を bracket とよぶことから, Dirac は ⟨a| をブラベクトル, |a⟩ をケットベクトルと
　　名付けた. これら抽象的なベクトルに作用する抽象的な演算子を, 本書では $\mathcal{H}$, $\mathcal{U}$, $\mathcal{S}$, $\mathcal{L}$
　　などの書体で表す.

座標の関数で表せない状態も扱える点で便利なので，以後必要に応じて両者を使い分けることにする．

波動関数 $\Psi_{n,l,m}$ は，動径(中心からの距離 r の)関数 R_n と，球面調和(方位角 θ, φ の)関数 $Y_{l,m}$ の積の形に書ける．

$$\Psi_{n,l,m}(r, \theta, \varphi) = R_n(r) Y_{l,m}(\theta, \varphi) \tag{2.3}$$

主量子数 n は軌道の広がりを決め，電子のポテンシャルエネルギーと動径方向の運動エネルギーの尺度となる．方位量子数 l は軌道の節の形を決め，電子の**軌道角運動量**を反映する(正確には方位量子数に $h/2\pi$ ($h = 6.626 \times 10^{-34}$ J s は Planck(プランク)定数を掛けた量が軌道角運動量だが，以後 $h/2\pi$ は省略する)．$l = 0, 1, 2, 3\cdots$ の軌道の型はそれぞれ s, p, d, f$\cdots$という名前でよぶ慣習になっている．磁気量子数 m は，$-l \leq m \leq l$ の整数値をとる．同じ l に属する $2l+1$ 個の軌道は角運動量の大きさが同じで，エネルギーも等しい(**縮重している**)が，回転運動の軸の方向(角運動量ベクトルの z 成分で区別する)は互いに異なっている．

$m = 0$ の場合を除いて，軌道の関数は複素数を含んでいる．これは z 軸の周りの角運動量が 0 でないことの表れだが，図示するときには便宜上適当な線形結合をとって実関数化することが多い[*3]．こうしてできた軌道は図 2.4〜2.6 に示すような振幅をもっており，位相変化の関数型を添え字にして p_x, d_{xy}, f_{xyz} などとよぶ．

こうして得られた水素様原子の電子軌道は，原子中に電子がただ 1 個存在するという仮想的な状態を表している．実際の原子には電子が複数存在するため，電子間の反発により関数の形やエネルギーが多少変わる(たとえば，水素様原子では 2s と 2p の軌道準位は同じだが，実際の原子では 2p のほうが高い)．実際の

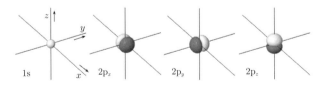

図 2.4 水素様原子の原子軌道(1s, 2p)

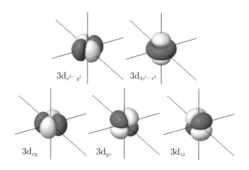

図 **2.5**　水素様原子の原子軌道(3d)
$3d_{3z^2-r^2}$ は $3d_{z^2}$ とも書かれる.

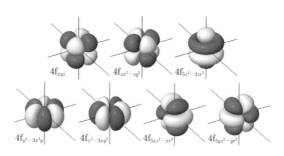

図 **2.6**　水素様原子の原子軌道(4f)

原子の波動関数を近似的に求める方法もあるが，さしあたって以降の話では図
2.4〜2.6 に示した軌道を思い描いておけばこと足りる.

2.1.3　結 晶 場 理 論

　結晶場理論では，基本的に錯体をイオン結合からなる塩として捉える．つま
り，配位子と金属イオンの間には静電的な相互作用のみがはたらいており，配位
結合は形成されていないとみる．この場合，配位原子は単に負電荷をもつ点とし
て近似する.

a. 結晶場の計算

実際の金属錯体によくみられる正八面体型構造(たとえば図2.3(a)のヘキサアンミンコバルト(Ⅲ)イオンなど)を例にとる. 原点に金属イオンを配置し, 正八面体の各頂点$(a, 0, 0)$, $(0, a, 0)$, $(0, 0, a)$, $(-a, 0, 0)$, $(0, -a, 0)$, $(0, 0, -a)$に電荷$-Q(Q>0)$をおく(図2.7). このとき d 軌道のエネルギーはどのようになるかというのが解くべき問題である. まずは$Q=0$の場合の解を, 水素様原子の波動関数(式(2.3))の形で与えておく. 3d 軌道では, 動径関数$R(r)$, 球面調和関数$Y(\theta, \varphi)$は表2.1のとおりである.

これら5個の軌道はエネルギー的には縮重している(角運動量の大きさも同

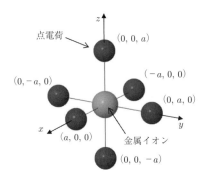

点電荷

$(0, 0, a)$

$(-a, 0, 0)$

$(0, -a, 0)$

$(0, a, 0)$

x

$(a, 0, 0)$

y

金属イオン

$(0, 0, -a)$

図 2.7　八面体型錯体分子の結晶場モデル

表 2.1　3d 軌道の波動関数

n	l	m	$R_n(r)$	$Y_{l,m}(\theta, \varphi)$
3	2	0		$\dfrac{\sqrt{5}}{4\sqrt{\pi}}(3\cos^2\theta - 1)$
3	2	1		$\dfrac{\sqrt{30}}{4\sqrt{\pi}}\sin\theta\cos\theta\exp(i\varphi)$
3	2	-1	$\dfrac{4}{81\sqrt{30}}Z^{\frac{7}{2}}r^2\exp\left(-\dfrac{Zr}{3}\right)$	$\dfrac{\sqrt{30}}{4\sqrt{\pi}}\sin\theta\cos\theta\exp(-i\varphi)$
3	2	2		$\dfrac{\sqrt{30}}{8\sqrt{\pi}}\sin^2\theta\exp(2i\varphi)$
3	2	-2		$\dfrac{\sqrt{30}}{8\sqrt{\pi}}\sin^2\theta\exp(-2i\varphi)$

じ). 実関数になるよう線形結合をとると, 図 2.5 に示す d_{xy}, d_{yz}, d_{zx}, $d_{x^2-y^2}$, $d_{3z^2-r^2}$ とよばれる軌道になる ($d_{3z^2-r^2}$ は単に d_{z^2} と書くことも多い).

6 個の点電荷がつくるポテンシャル V_{CF} は, 点電荷の位置を $\boldsymbol{r}_i$ として,

$$V_{CF}(\boldsymbol{r}) = -\frac{Q}{4\pi\varepsilon_0} \sum_{i=1}^{6} \frac{1}{|\boldsymbol{r}-\boldsymbol{r}_i|} \tag{2.4}$$

となる. このポテンシャルを摂動項として, 縮重した状態(いまは 5 個の d 軌道)に対する**摂動近似**を使うと, エネルギーを求めることができる. 摂動法の理論は文献[2]に譲り, 以下に概要のみ述べる. 摂動を受けることによってできる新しい波動関数は, もとの 5 個の d 軌道の線形結合で表される(式(2.5)). 解くべき Schrödinger 方程式は式(2.6)になる.

$$\Phi(r,\theta,\varphi) = \sum_{m=-2}^{2} c_m \Psi_{3,2,m}(r,\theta,\varphi)$$

$$= R_3(r) \sum_{m=-2}^{2} c_m Y_{2,m}(\theta,\varphi) \tag{2.5}$$

$$\{\hat{H}+V_{CF}\}\Phi(r,\theta,\varphi) = \{E_0+E_{CF}\}\Phi(r,\theta,\varphi) \tag{2.6}$$

ここで E_0 は摂動がないときのエネルギー, E_{CF} は摂動による変化分を示す. 基底として用いる波動関数のうち動径部分 $R_3(r)$ は共通だから, ポテンシャルエネルギーを計算する積分は動径 r について先に積分してしまってよい. 積分した結果をあらためて V とすれば(式(2.7)), 摂動エネルギー E_{CF} は, $Y_{l,m}(\theta,\varphi)$ のみを使って計算できる.

$$V(\theta,\varphi) = \int_0^\infty R_3{}^*(r) V_{CF} R_3(r) r^2 \mathrm{d}r \tag{2.7}$$

E_{CF} を求めるには, 次の特性方程式(永年方程式)を解けばよい.

$$\begin{pmatrix} \langle 2,2|v|2,2\rangle & \langle 2,2|v|2,1\rangle & \langle 2,2|v|2,0\rangle & \langle 2,2|v|2,\bar{1}\rangle & \langle 2,2|v|2,\bar{2}\rangle \\ \langle 2,1|v|2,2\rangle & \langle 2,1|v|2,1\rangle & \langle 2,1|v|2,0\rangle & \langle 2,1|v|2,\bar{1}\rangle & \langle 2,1|v|2,\bar{2}\rangle \\ \langle 2,0|v|2,2\rangle & \langle 2,0|v|2,1\rangle & \langle 2,0|v|2,0\rangle & \langle 2,0|v|2,\bar{1}\rangle & \langle 2,0|v|2,\bar{2}\rangle \\ \langle 2,\bar{1}|v|2,2\rangle & \langle 2,\bar{1}|v|2,1\rangle & \langle 2,\bar{1}|v|2,0\rangle & \langle 2,\bar{1}|v|2,\bar{1}\rangle & \langle 2,\bar{1}|v|2,\bar{2}\rangle \\ \langle 2,\bar{2}|v|2,2\rangle & \langle 2,\bar{2}|v|2,1\rangle & \langle 2,\bar{2}|v|2,0\rangle & \langle 2,\bar{2}|v|2,\bar{1}\rangle & \langle 2,\bar{2}|v|2,\bar{2}\rangle \end{pmatrix} \begin{pmatrix} c_2 \\ c_1 \\ c_0 \\ c_{-1} \\ c_{-2} \end{pmatrix}$$

$$= E_{CF} \begin{pmatrix} c_2 \\ c_1 \\ c_0 \\ c_{-1} \\ c_{-2} \end{pmatrix} \tag{2.8}$$

ここで，⟨ ⟩で書かれた項は波動関数と演算子を含む積分を意味する（式(2.9)）. ただし，|3, l, m⟩などと書くべきところ，3は共通なので省略し，負符号は上線で表した.

$$\langle l, m | \boldsymbol{v} | l', m' \rangle \equiv \int_0^{2\pi} \int_0^{\pi} Y_{l,m}^*(\theta, \varphi)\, V(\theta, \varphi)\, Y_{l',m'}(\theta, \varphi) \sin\theta\, \mathrm{d}\theta \mathrm{d}\varphi \qquad (2.9)$$

式(2.4)をそのまま扱うのはやや煩雑な計算を要するので，Vの近似式を使った方法を付録Aに示した. 適宜演習などに利用してほしい.

b. 結晶場分裂

摂動によって準位が変化する様子を図2.8に示した. 分裂によってできた新しい軌道は，ちょうど図2.5に示した実数型の軌道関数と同じであり，高エネルギー側の二つの軌道は$\mathrm{d}_{x^2-y^2}$とd_{z^2}に，低エネルギー側の三つはd_{xy}，d_{yz}，d_{zx}にそれぞれ対応する. 状態|2, 0⟩，|2, 1⟩，|2, -1⟩はエネルギーだけが変化して，波動関数はそのまま変わらない（|2, 1⟩と|2, -1⟩は|2, 1⟩±|2, -1⟩として実関数化してある）. |2, 2⟩と|2, -2⟩は組換えが起きて，高い準位と低い準位に分かれる. 高いほうの準位は|2, 0⟩と同じに，低いほうは|2, 1⟩±|2, -1⟩と同じになっているが，これは偶然ではない. 八面体型の対称性をもつ環境に置かれたとき，d軌

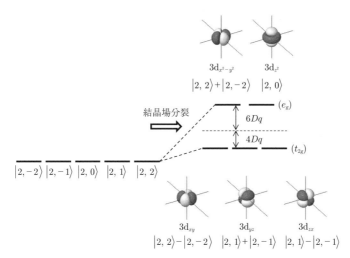

図 2.8 d軌道の結晶場分裂

道はいつもこのような形に分裂する．分裂の大きさ(付録 A の $4V_0/21$ に相当)は
ポテンシャルの強さによって異なるが，5 個の軌道準位の平均値は分裂幅を 2：3
に分ける(この平均値は，負電荷の分布が球対称であるときの d 軌道のエネル
ギーに一致する)．歴史的な経緯から分裂幅を $10Dq$ で表し，5 個の軌道準位の
平均値からみて高いほうの準位までの幅を $6Dq$，低いほうの準位までの幅を
$4Dq$ で表す．このように周囲の静電的環境によって起こる軌道の分裂を**結晶場
分裂**という．

　図 2.8 ではこれらの軌道の右隣に e_g, t_{2g} という記号が付してあるが，これらは
群論において対称性の分類に使う記号である．詳細は文献[3]に譲るとして，e,
t はそれぞれ二重，三重に縮重した軌道であること，添字の g は対称心に関して
偶関数であることを知っておけば，いまは十分である(コラム 1 参照)．

▌ **コラム 1**

対称性と群論

　群論とは原始的な代数系を研究する数学の一分野だが，化学(とくに錯体化学)に
おける応用価値は高い．群論によれば，分子構造がもつ対称性によって電子状態や
振動状態を表す関数の型(各対称要素に関しての偶奇性)は自ずと規定されてしま
う．つまり与えられた構造に対してその対称操作の集合(点群)を調べておけば，そ
の点群に属する分子に共通の性質がわかる．たとえば正八面体は O_h 点群に属し，
この点群で許される関数の型は A_{1g}, A_{2g}, E_g, T_{1g}, T_{2g}, A_{1u}, A_{2u}, E_u, T_{1u}, T_{2u}
の 10 個に限られる．本書では分子軌道の型を小文字(a_1, t_{2g}, e_g など)で，電子配
置で決まる電子状態の型を大文字(A_1, T_{2g}, E_g など)で表す．

　5 重に縮重していた d 軌道が，2 重と 3 重の縮重軌道に分かれると，電子の入
り方にも違いが生じる．**Hund**(フント)の**規則**によれば，縮重した軌道があれば
電子はスピンの向きを同じくして異なる軌道を占有する(量子力学的には交換相
互作用で説明される)．これは，同じ軌道を占有すれば静電反発により余計なエ
ネルギー(**対形成エネルギー**，2.1.5 項 a 参照)を抱え込んでしまうことによる．
したがって縮重が解けた d 軌道に対して電子は，スピン対生成で不安定化にな
るか，もしくはスピンの向きをそろえて高い準位を占有するか，どちらかの選択
を迫られる．

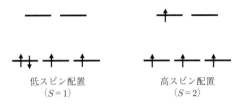

低スピン配置　　　　高スピン配置
（$S=1$）　　　　　（$S=2$）

図 **2.9**　電子配置とスピン量子数

　結局，電子の配置は対形成エネルギーと結晶場分裂の大きさとのバランスによって決まる．スピン対の生成が多いほど原子全体のスピン量子数 S が小さくなるので低スピン配置，逆であれば S が大きくなるので高スピン配置という．このような選択肢が生じるのは d 軌道の電子が 4～7 個の場合に限られる（図 2.9 に電子 4 個の場合を示すので，残りは各自で確認されたい）．

2.1.4　配位子場理論

　結晶場理論は，同じ金属イオンの錯体でも配位子によって異なる磁性を示す（2.1.5 項 c 参照）ことや，錯体が可視域の光吸収を示す（着色している）ことを説明できた（2.1.6 項 c 参照）という点で画期的であった．しかし，実は錯体自体の安定性については何も説明できていない（錯体の d 軌道は孤立のとき以上にエネルギーが下がることはない）．たとえば正八面体では，金属イオン（電荷 $+ne$）と配位原子（電荷 $-Q$）との静電的な相互作用 E_{elec} は式(2.10)で計算できる（図 2.7 を参照して各自導出されたい）．

$$E_{\text{elec}} = \frac{1}{4\pi\varepsilon_0}\left(\frac{-6Qne}{a} + \frac{12Q^2}{\sqrt{2}\,a} + \frac{3Q^2}{2a}\right) \tag{2.10}$$

電荷の比が $0 < Q/ne < 0.60$ を満たしていれば $E_{\text{elec}} < 0$ となるので八面体は安定に存在し得る（Q/ne が 0.60 より大きいと配位原子間の静電反発で崩壊する）．しかしこの式からは，金属と配位原子の距離 a については何も決められない．

　結晶場理論の不足を補う目的で，**配位子場理論**が構築された．このモデルでは，結晶場の効果に加え，金属イオンと配位原子（分子）の電子軌道間の相互作用を考える．配位子場理論で錯体の電子状態を考えると，配位結合の結合距離が説明できるほかに，配位子の分子構造と d 軌道の分裂幅の関係も合理的に解釈で

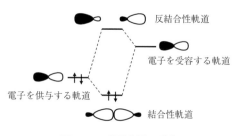

反結合性軌道

電子を受容する軌道

電子を供与する軌道

結合性軌道

図 2.10　分子軌道の形成

きる(結晶場理論の場合は，配位原子上の負電荷のみ考慮していたが，後でみる
ようにこれだけでは観測事実を説明できない).

　二つの原子がある程度以上近づくと，電子軌道間に重なりが生じる．力学的な
系では，振動数が近い振動子が近づくと相互作用(共鳴)して一体の振動子として
運動しようとする．このとき振動子は，位相を同じくしてより低い振動数で振動
するか，または位相を逆にして高い振動数で振動するかの選択肢をもつ．電子の
軌道についても同様のことが起こり，同位相で結合した低エネルギーの軌道(**結
合性軌道**)と，逆位相で結合した高エネルギーの軌道(**反結合性軌道**)ができる.
低エネルギー側の軌道にのみ電子を受け入れれば結果的に分子全体が安定するの
で，原子間に結合ができる(図 2.10).

　軌道間の相互作用の大きさは，主に三つの因子で決まる[4].

① 相互作用する軌道は，結合が形成される過程で同じ対称性を保たなければな
　　らない(軌道対称性保存則とも関連).
② 軌道間の相互作用の大きさ(相互作用による軌道の準位の変化)は，もとの軌
　　道の準位が近いほど大きい.
③ 軌道間の相互作用は，軌道間の空間的な重なりの度合(重なり積分という数値
　　で評価できる)が高いほど大きい.

　図 2.10 の例では，電子を供与する軌道も受容する軌道も，ともに結合軸に関
して自由に回転できるという点で同じ対称性をもっている．相互作用で生じた結
合性軌道，反結合性軌道についても同様である.

a. 配位結合の型

金属イオンに配位原子が近づくと，軌道間の相互作用により生成する分子軌道の安定性が変化するため，金属イオンの d 軌道は分裂する．d 軌道との相互作用の大きさは，配位原子の電子軌道の形(対称性)によって自ずと決まる．結晶場の効果に加え，配位子との軌道間相互作用によって生じる d 軌道の分裂を**配位子場分裂**といい，分裂が大きいほど「配位子場が強い」という．以下では配位原子の軌道が σ 型(結合軸を含む面内に節がない)の場合と，π 型(結合軸を含む面内に節がある)の場合に分けて考える．

（i）**σ 型の場合**　　窒素原子の非共有電子対などの σ 型の軌道が正八面体型を保って金属イオンと相互作用するとき，σ 型軌道の組は 6 個の群軌道(本書では配位子のみからなる仮想的な分子に対してこの名称を使う)を形成する．この群軌道を Hückel(ヒュッケル)法で近似的に求めた結果を付録 B に示したので，適宜演習などに利用されたい．

6 個の群軌道の内訳は，縮重のない軌道が 1 個(a_{1g})，三重縮重の組が 1 個(t_{1u})，二重縮重の組が 1 個(e_g)である．これらの軌道の軌道エネルギー ε と位相分布の概形を図 2.11 に示す．これらの群軌道のうち，t_{1u}，a_{1g} はそれぞれ同じ対称性をもつ金属イオンの 4p 軌道，4s 軌道と相互作用し，e_g は八面体対称のもとで同じ対称性となる二つの d 軌道($d_{x^2-y^2}$ と d_{z^2})と相互作用して分子軌道を形成することができる．

軌道間の相互作用は同じ対称性をもつ軌道の間でのみはたらく．これを踏まえ

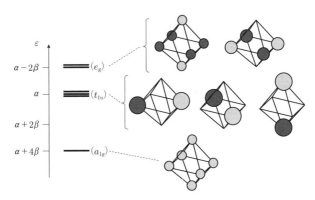

図 2.11　配位原子の σ 型軌道からできる群軌道(円の大きさは軌道係数の目安)

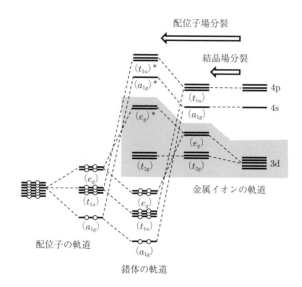

図 2.12　結晶場分裂と配位子場分裂による軌道エネルギーダイヤグラム
（グレーの網掛け部分は d 軌道の振る舞い）の比較
＊印は反結合性軌道を表す．軌道の分裂幅は誇張して描いてある．

て，配位子の軌道と金属イオンの軌道から錯体の分子軌道がつくられる過程（図
2.12）を眺めよう．配位子由来の軌道（a_{1g}, t_{1u}, e_g）は，金属イオンの軌道の一部
と相互作用することによって安定化していることがわかる．その反動で金属イオ
ンの軌道準位は高くなるが，4s，4p 軌道には電子がないのでエネルギーへの影
響はない（錯体分子全体では安定化する）．これは配位子の非共有電子対が部分的
に金属イオンへ供与された結果とみなせるので，つまり配位結合の形成である．
このような配位形態を**σ供与**といい，配位子を**σ供与性配位子**とよぶ．d 軌道由
来の e_g 軌道に電子があるかどうかは金属の種類によるが，配位子由来の e_g 軌道
と相互作用した結果，準位は高くなって t_{2g} との分裂幅は大きくなる．

　(ii) **π 型の場合**　　配位原子が π, π* 軌道をもつ場合，これらの軌道と金属イ
オンの d 軌道との相互作用によって配位子場分裂の大きさが変わる，または錯
体分子全体の安定性に影響することがある．π 軌道（電子が入っている）の影響が
大きい場合と，π* 軌道（電子が入っていない）の影響が大きい場合とで配位子場
分裂の変化はまったく逆の傾向を示す．こうした効果が重要になる配位子の代表

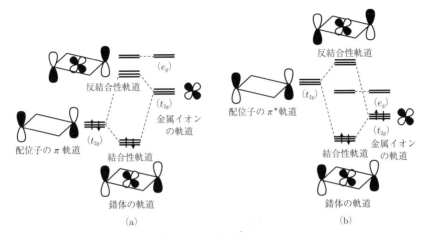

図 2.13　π 型軌道と d 軌道の相互作用
(a) π 供与性配位子と(b) π 受容性配位子

格は CO，CN⁻，エチレンなどであり，純粋な Werner 型錯体の範疇からは外れる(3 章で扱う有機金属錯体の話)が，あわせてここでふれておく．

　σ 型のときと同じように，配位原子の π 型の軌道からつくられる分子軌道を考える．しかし，配位子の p 軌道を考慮すると厳密には正八面体型の対称性から外れて扱いが複雑になるため，ここでは定性的な話にとどめる．σ 型の軌道と違い，π 型の軌道からできる分子軌道の中には，d 軌道由来の t_{2g} 軌道と対称性が合致するものが出てくる．図 2.13(a)には，π 軌道と d 軌道の準位が近く，相互作用が大きい場合を示した．この場合 π 軌道はより安定化し，一方 t_{2g} 軌道は不安定化する(結果として配位子場分裂は小さくなる)．形のうえでは，配位子の π 電子が一部 t_{2g} 軌道に供与されたとみなせるので，このような配位形態を **π 供与**とよび，配位子を **π 供与性配位子**とよぶ．このときすでに t_{2g} に電子が入っていた場合，反結合性軌道に電子が入ることになるため，結合は弱められる．図 2.13(b)には，π* 軌道と d 軌道の準位が近い場合を示した．上とは逆に，この場合 π* が不安定化し，t_{2g} 軌道は安定化する(結果として配位子場分裂は大きくなる)．形式上，π* 軌道は d 軌道から電子を一部受容したとみなせるので，このような配位形態を **π 逆供与**とよび，配位子を **π 受容性配位子**とよぶ．通常 π* 軌道には電子が入っていないので，配位子-金属イオン間の反結合性軌道に電子が入

ることはない．したがって，π 逆供与は配位子–金属イオン間の結合を強める相互作用機構であるが，配位子にとっては反結合性軌道に電子を迎え入れることになるため，配位子分子内の π 結合は弱められる．

b.　配位子場の強さ

　配位子場分裂には配位子の分子としての性質が色濃く反映されるため，配位子場理論を使えば実在の配位子分子とその錯体にみられる電子スペクトル（後述 2.1.6 項参照）の吸収ピークとの関係が鮮やかに説明される．吸収スペクトルのピークに対応する光子のエネルギーは配位子場分裂の大きさを反映するが，その順序は，$CH_3{}^- \sim CO > CN^- > NO_2{}^- > NH_3 > H_2O > ONO^- > NCS^- > OH^- > F^- > Cl^- > Br^- > I^-$ となることが実験的にわかっている（槌田の**分光化学系列**）．これは，以下のようにいくつかの系列に分解してみれば理解しやすい．

　(i) **σ 供与性の強さ**　　$CH_3{}^- > NH_3 > H_2O > F^-$ という系列を抜き出してみよう．この系列は主に σ 供与性配位子としての比較である．周期表で右にある元素ほど有効核電荷が大きいので非共有電子対の軌道エネルギー準位は低く，d 軌道の準位と離れるため分裂の度合は小さい．

　(ii) **π 供与性の強さ**　　$H_2O > OH^- > F^- > Cl^- > Br^- > I^-$ の系列では，OH^- は負電荷をもつにもかかわらず H_2O よりも分裂が小さいことに気付く．これは，OH^- の p 型の非共有電子対が H_2O のそれよりも高い準位にあり，良好な π 供与性配位子としてはたらくためである．ハロゲン化物イオンの中では，$F^- > Cl^- > Br^- > I^-$ の順に配位子場分裂が小さくなる．イオン半径の増大に伴い σ 供与の効果が小さくなるのに加え，電子で満たされた p 軌道（非共有電子対）による π 供与性の効果が寄与してこの順序になる．

　(iii) **π 逆供与の強さ**　　$CO > CN^- > NO_2{}^- > ONO^- > NCS^-$ の系列に現れるこれらの配位子は比較的低い π^* 軌道をもっているため，π 受容性配位子としてはたらく．π^* 軌道の準位は，二重結合よりも三重結合で低く，配位する原子の電気陰性度が小さいほど低い．

　以上，結晶場が八面体の場合についてみてきたが，これ以外の場合については結果のみ簡単に示しておく（図 2.14）．摂動ポテンシャルの形によって，d 軌道の分裂の仕方が異なるという点が重要である．

　配位子の幾何と配位子場分裂との関係をもとに，2.1.1 項であげた錯体の組成と分子構造との関係をある程度説明することができる．亜鉛（Ⅱ）錯体では d 軌

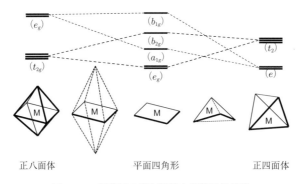

図 **2.14**　配位子の幾何構造と配位子場分裂

道が満たされているので，配位子場による d 電子の安定化は期待できない．d 軌道全体の準位の上昇が小さく，配位子間の反発も少ない四面体構造が好まれる．銅（Ⅱ）錯体では d 電子が 9 個であり，配位子場が強ければ四面体よりも正方形に配位したほうが，低い側の 4 個の軌道準位を下げることによって全体のエネルギーを下げることができる（図 2.14 参照）．テトラアンミン銅（Ⅱ）錯体が平面四角形になるのはこのためである．7 個の d 電子をもつコバルト（Ⅱ）錯体では，四面体と正方形とでそれほどエネルギーの差が生じない．Cl^- のように弱い配位子ならば，配位子間の反発が少ない四面体が好まれる．NH_3 のように強い配位子をもつコバルト（Ⅱ）イオンでは平面四角形や八面体が有利になる（ただし，高い準位に電子が 1 個隔離されるため酸化されやすく不安定）．コバルト（Ⅲ）錯体は d 電子が 6 個なので，配位子が八面体型に配置すれば t_{2g} にきれいに収まる．配位子場が強いほどこの効果は大きく，Cl^- のような弱い配位子が増えるとしだいに不安定化するのだと解釈できる．

　より定量的に議論するには，次節で述べる結晶場安定化エネルギーや Jahn-Teller（ヤーン・テラー）効果を考慮する必要がある．

2.1.5　金属イオンの電子配置

　分子の性質は，電子の軌道への電子の詰まり方（電子配置）によって変わる．d 軌道の分裂に伴う電子配置の多様性（低スピン配置，高スピン配置）については 2.1.3 項 b でも少しふれたが，本項ではこの問題について半定量的な考察を取り

入れる.

a. 電子配置とエネルギー

実際の電子配置はエネルギーを極小にするような配置になっている. d軌道が分裂している以上, 電子は低い準位の軌道から順に占めるのが安定であるように思えるが, 実際は同じ分子軌道内で電子がスピン対をつくるのに必要な**対形成エネルギー**も合わせて考える必要がある. 分裂幅(10Dq)を Δ_0, 対形成エネルギーを P とすれば, 概ね Δ_0 と P の関係で安定な電子配置が決定するとみてよい.

$$\Delta_0 > P : 低スピン配置が安定$$
$$\Delta_0 < P : 高スピン配置が安定$$

すなわち, 分光化学系列の上位のほうにある配位子をもつ錯体では低スピン配置を取ることが多く, 下位のほうにある配位子をもつ錯体では高スピン配置をとることが多い(境界となる位置は金属イオンによって変わる). 中程度の強さの配位子をもつ錯体では, 温度などの環境条件によって高スピンと低スピンの両方の状態をとり得る(このような現象を**スピンクロスオーバー**という).

たとえば同じ d^6 の鉄イオンでも, $[Fe^{II}(CN)_6]^{4-}$ は低スピン, $[Fe^{II}(OH_2)_6]^{2+}$ は高スピンの配置をとる(図 2.15). 高スピン配置ではエネルギーが $E(hs) = 2\Delta_0 + P$, 低スピン配置では $E(ls) = 0\Delta_0 + 3P$ である. その差は $2(\Delta_0 - P)$ であり, 上述の関係が成り立っていることがわかる.

図 2.15 のように電子状態を軌道準位図で表現する考え方は, もともと分子軌道理論に則っている. この理論の中心的な役割を担うのが Hartree-Fock(ハート

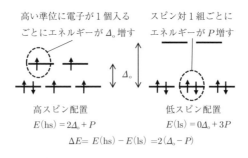

図 **2.15** スピン配置とエネルギー E
(低い準位に電子が3個入った状態を基準にしている)

リー・フォック，HF)近似である[5]．Hartree-Fock 近似のもとでは Δ_o と P の正体がもう少しはっきりするが，本書の主題からはそれるので，付録 C に掲載するのみとした．

b. 電子のスピン

　低スピン配置，高スピン配置などのよび名は，スピン角運動量の考え方に基づく．1 個の電子は固有の磁気モーメント(9.28477×10^{-24} J T^{-1})をもっている(極小の磁石として振る舞う)．電子は電荷をもっているから，この磁気モーメントは電子の自転に起因すると考えれば類推しやすい(実際「スピン」の命名は自転に由来する)．このような模型で考えた磁気モーメントは，**Bohr**(ボーア)**磁子**(μ_B $=eh/4\pi m_e = 9.27402 \times 10^{-24}$ J T^{-1})に等しくなるはずであるが，実測値はこれと $g_e/2$ の因子だけずれている．ここで $g_e = 2.00232$ は電子の g 因子(回転運動の様式によって決まる値)である．

　実際には電子は自転しているのではなく，磁気モーメントの向きに相当する量を内部自由度とみて量子数をあてがうのが妥当とされている．とはいえ，この量子数は角運動量(回転運動の激しさの尺度)と振る舞いが似ており，対応する演算子(スピン角運動量演算子)S は軌道角運動量演算子 $\boldsymbol{L}$ と同じ演算規則に従う．そういう事情もあって，スピン＝自転という模式化は根強く残っている．

　スピン角運動量演算子と固有ベクトルは以下の関係を満たす．

$$S^2|\sigma_s\rangle = S(S+1)|\sigma_s\rangle$$
$$S_z|\sigma_s\rangle = m_s|\sigma_s\rangle \tag{2.11}$$

$|\sigma_s\rangle$ はスピンの状態ベクトルで，S そのものではなく S^2 の固有ベクトルになっている(固有値が S^2 ではなく $S(S+1)$ である点にも注目)．同時に $|\sigma_s\rangle$ は S の z 成分 S_z の固有状態でもある．S を**スピン量子数**，m_s を**スピン磁気量子数**とよぶ．α スピン，β スピンの状態をそれぞれ $|\alpha\rangle$，$|\beta\rangle$ と書けば，これらの状態ベクトルは以下の関係を満たす．

$$S^2|\alpha\rangle = \frac{1}{2}\left(\frac{1}{2}+1\right)|\alpha\rangle = \frac{3}{4}|\alpha\rangle, \, S^2|\beta\rangle = \frac{1}{2}\left(\frac{1}{2}+1\right)|\beta\rangle = \frac{3}{4}|\beta\rangle$$
$$S_z|\alpha\rangle = \frac{1}{2}|\alpha\rangle, \, S_z|\beta\rangle = -\frac{1}{2}|\beta\rangle \tag{2.12}$$

S はスピン角運動量そのものではなく，m_s の最大値に等しい．スピン角運動量そのものの値は S^2 の固有値の平方根 $\sqrt{S(S+1)}$ となる(単一電子の場合 $\sqrt{3}/2$

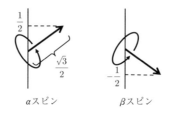

図 2.16　電子スピンの古典的なベクトル模型

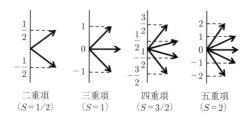

図 2.17　スピン多重度を説明する古典的なベクトル模型（縦軸は m_s）

$= 0.866\cdots$）．すなわち電子は 0.866 ほどの角運動量をもっていながら，実際にとり得る z 成分の値は $+1/2$ と $-1/2$ に限られている．これを図 2.16 のように表すことも多いが，むろん比喩的な意味にすぎない．

　電子が複数ある場合，簡単にいえば（α スピンの数 $-\beta$ スピンの数）$\times 1/2$ が固有値 m_s に等しい．決められた電子数のもと，α スピンと β スピンの数を種々変えて得られる m_s 値の最大値は S に等しい．図 2.15 の場合，低スピン配置では $S = 0$，高スピン配置では $S = 2$ となる．

　m_s は，S, $S-1$, $S-2$, $\cdots$, $-S$ の値をとり，スピン間の相互作用や外部磁場がない限りこれら $2S+1$ 個の状態はエネルギー的に等しい（縮重している）．この縮重度を**スピン多重度**という．スピン多重度は，多電子系の電子状態を特徴付ける便利なパラメータであり，次節で扱う光励起の現象を学ぶうえでは欠かせない．$S = 0$ の場合はスピン多重度が 1 なので**スピン一重項状態**という．同様に $S = 1$ の場合はスピン多重度が 3 なので**スピン三重項状態**という．縮重度が $2S+1$ になるのは，m_s が量子化されるためだが，これを直観的に理解するには図 2.17 に示したベクトル模型が役立つ．

　電子が 2 個の場合，空間的な軌道関数を無視してスピンだけに注目すると，図

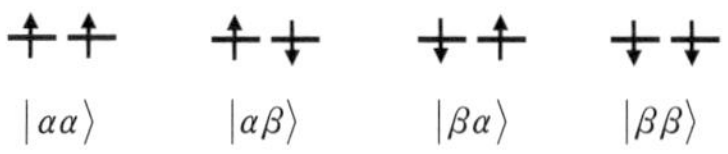

図 **2.18** 2スピン系の基底ベクトル

表 **2.2** 2電子系のスピン固有状態

S	m_s	固有ベクトル $\|\sigma\rangle$	対称性
0	0	$\frac{1}{\sqrt{2}}\|\alpha\beta\rangle - \frac{1}{\sqrt{2}}\|\beta\alpha\rangle$	奇
1	1	$\|\alpha\alpha\rangle$	偶
1	0	$\frac{1}{\sqrt{2}}\|\alpha\beta\rangle + \frac{1}{\sqrt{2}}\|\beta\alpha\rangle$	偶
1	-1	$\|\beta\beta\rangle$	偶

2.18 に示す 4 通りの状態ベクトルが考えられる.

　図 2.18 で，それぞれの電子配置に付けられている状態ベクトルの記号は，2 個の電子のスピンを表している．たとえば $|\alpha\beta\rangle$ は，電子 1 のスピンが α，電子 2 のスピンが β という意味である．先の例にならってスピンの数を数えると，m_s の値が左から順に $+1$，0，0，-1 となる.

　ではこれらのスピン状態 S の値はどうなるかといえば，これを求めるにはやや面倒な手続きが必要となる．概略を付録 D に示しておいた．結果のみ表 2.2 に示してある.

　$S=0$ の状態は 1 個，$S=1$ の状態は 3 個あることに注目しよう．m_s は，S，$S-1$，$S-2$，$\cdots$，$-S$ の値をとり，これら $2S+1$ 個の状態はエネルギー的に等しい．$S=0$，$m_s=0$ の状態と，$S=1$，$m_s=0$ の状態は，二つのベクトルの線形結合で表されている．つまり $|\alpha\beta\rangle$ と $|\beta\alpha\rangle$ は，そのままではスピン角運動量 S の固有状態ではなく，二つの状態の差や和の形になって初めて固有状態の資格を得る（S の値が決まる）．これは，波動関数が 2 個の電子の交換に関して対称（偶）か反対称（奇）でなくてはならないという制約のためである（付録 E 参照）．$S=0$，$m_s=0$ の状態は，電子 1 と電子 2 を入れ替えるとベクトル全体の符号が反転するので，反対称型という．同様に考えると，$S=1$，$m_s=-1$，0，1 の状態はすべて対称型だとわかる.

c.　金属イオンの磁性

　錯体分子の電子配置の違いが顕著に表れる物性値として**磁化率**がある．磁化率とは，磁場中に置かれた物質が磁気を帯びる際の感度を表しており，その大きさは物質を構成している分子の**磁気モーメント**で決まる．分子を方位磁針にたとえれば，磁気モーメントは N, S 両極の磁力の強さと針の長さとの積に相当する（S極から N 極へ向かうベクトル量で，大きさの単位は $J\,T^{-1}$）．平時は磁気を帯びていない物質も，磁場中に置かれると磁気モーメントの向きがそろうため磁気を帯びる（図 2.19）．磁化率は，強い磁石を備えた**磁気天秤**で測定できる．

　$[Fe(OH_2)_6]^{3+}$ と $[Fe(CN)_6]^{3-}$ はどちらも鉄（Ⅲ）イオンの錯体だが，磁気モーメントはそれぞれ $5.5 \times 10^{-23}\,J\,T^{-1}$, $2.1 \times 10^{-23}\,J\,T^{-1}$ と大きく異なる．d 電子の数は 5 個だが，配位子場の強さが異なるために電子配置はそれぞれ図 2.20 のようになる．不対電子の数が多いほど磁気モーメントが大きくなることがみてとれるが，単純な比例関係というわけでもない．

　電子の全角運動量は原子・分子の磁性となって現れる．金属錯体の場合，$L=0$ すなわち全角運動量が S だけで決まることが多いため，分子の有効磁気モーメントを表すのに次の**スピンオンリー式**が使われる．

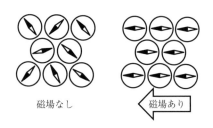

図 2.19　磁場による磁気モーメントの整列

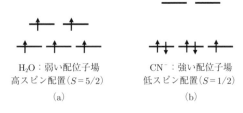

H_2O：弱い配位子場　　　　　CN^-：強い配位子場
高スピン配置（$S=5/2$）　　　　低スピン配置（$S=1/2$）
(a)　　　　　　　　　　　　(b)

図 2.20　(a) $[Fe(OH_2)_6]^{3+}$ と (b) $[Fe(CN)_6]^{3-}$ の電子配置

$$\mu_{\mathrm{eff}}=2\sqrt{S(S+1)}\,\mu_{\mathrm{B}} \tag{2.13}$$

文献などでは μ_{eff} を μ_{B} 単位で表すことが多い．たとえば，$[\mathrm{Fe(OH_2)_6}]^{3+}$ と $[\mathrm{Fe(CN)_6}]^{3-}$ の有効磁気モーメントはそれぞれ $5.9\,\mu_{\mathrm{B}}$，$2.3\,\mu_{\mathrm{B}}$ である．スピンオンリー式によれば，$[\mathrm{Fe(OH_2)_6}]^{3+}$ では $S=2.49$ となり，高スピン配置のときの理論値 $5/2$ に近い．かたや $[\mathrm{Fe(CN)_6}]^{3-}$ では $S=0.75$ となる．この値は低スピン配置のときの理論値 $1/2$ よりもかなり大きく，（スピンオンリー式に含まれていない）軌道角運動量の寄与を示唆している．

2.1.6　電子吸収スペクトル

　Werner 型錯体の特色は，配位結合の結果として生じる特異な電子状態にあることを先に述べた．2.1.5 項 c で取り上げた磁性も，特異な電子状態に起因する物性の一つである．本項では，錯体分子のもう一つの重要な物性である光吸収について取り上げる．たとえば，遷移金属錯体の多くが特有の色をもっている（可視領域に吸収を示す）ことや，ある種の金属錯体（有機金属も含む）が強く発光することなどが，d 軌道や f 軌道を占める電子の運動を考えることによって説明できる．

a.　錯体の色

　錯体化合物が示すさまざまな色の起源は，いずれも分子内の電子状態の変化（遷移）である．たとえば塩化コバルト（II）無水物の鮮やかな青色は，金属イオン周囲の配位子場によって d 軌道の準位が分裂するために生じる（シリカゲルの吸湿の目安に利用される）．分裂した d 軌道間で起こる電子遷移を **d-d 遷移**，または **配位子場（LF）遷移** という．塩化コバルト（II）が水和すると薄いピンク色になるのは，配位子場が変化して d 電子の状態を変えるためである（図 2.21）．ヘム（赤色の鉄（II）錯体）やクロロフィル（緑色のマグネシウム（II）錯体）（図 2.22）の発色は，主に配位子の π 軌道間で起こる **π-π* 遷移** によるものだが，それに加えて金属イオンの d 軌道と配位子の π 軌道との間で起こる **電荷移動（CT）遷移** の寄与も少なからずある．プルシアンブルー（$\mathrm{Fe^{III}_4[Fe^{II}(CN)_6]_3}$）の青色の主因も電荷移動遷移の一種だが，この場合は鉄（II）イオンと鉄（III）イオンの d 軌道の間で起こる電子遷移であり，**原子価間電荷移動（IVCT）遷移** という．それぞれの遷移の機構については後（c 項参照）で詳解する．

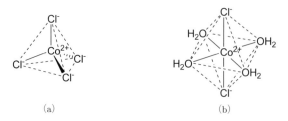

図 **2.21**　塩化コバルトの二態
(a) 非水溶液中の溶存状態(テトラクロロコバルト(Ⅱ)イオン),
(b) 水和物(テトラアクアジクロロコバルト(Ⅱ))

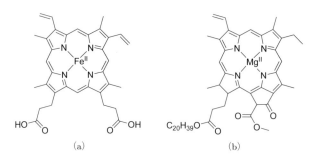

図 **2.22**　(a) ヘム *c* と(b) クロロフィル *a* の分子構造

　分子は電子遷移に伴って特定の波長の光を吸収するため,その補色がわれわれの目に届く.色の感じ方には個人差があるため,通常は光の透過率の逆数を対数にして**モル吸光係数** ε(光透過率の逆数の常用対数を 1 M(＝1 mol L^{-1})および 1 cm あたりに換算)で表し,波長に対してプロットした**吸収スペクトル**で比べる.ε の値は吸収の機構によって異なり,d-d 遷移では $1 \sim 10^2 \, \mathrm{M^{-1} \, cm^{-1}}$,$\pi$-$\pi^*$ 遷移では $10^3 \sim 10^5 \, \mathrm{M^{-1} \, cm^{-1}}$,d-$\pi^*$ 間の電荷移動遷移では $10^3 \sim 10^4 \, \mathrm{M^{-1} \, cm^{-1}}$,IVCT 遷移では $10^2 \sim 10^3 \, \mathrm{M^{-1} \, cm^{-1}}$ 程度である.モル吸光係数は遷移に与る軌道の情報を含んでいるので,吸収スペクトルを測定し詳しく解析すれば,錯体分子がどのような電子状態にあるのか見当がつけられる.モル吸光係数の詳細については後述の d 項でみることとしよう.

b. 光吸収の理論

分子が光を吸収したり放出したりする過程はさまざまな化学現象の中でも重要なトピックである．この過程を記述する一連の式の展開は，量子力学が現代化学の基礎をなしていることを端的に示す格好の教材でもあるが，ここでは錯体化学に特有な現象に焦点を当てるため，基本原理の記述は最小限度にとどめておく（詳細は文献[6]を参照）．

われわれが普通に光とよぶ可視光の実態は，電場と磁場の変化が空間を伝わる波（電磁波）である．電磁波は，その振動数の大きさ（桁数）に応じて，図 2.23 のようによび分ける．振動数 ν と波長 λ の積（$\nu\lambda=$ 伝搬速度）は一定（真空中なら $c=3.00\times10^8\,\mathrm{m\,s^{-1}}$）になるため，波長 300～800 nm の紫外～可視域の光は，振動数 10^{15} Hz の電磁波だとわかる．

紫外～可視域の光の波長は分子のサイズに比べて 1000 倍以上大きいため，分子にとっては 1 秒間に 10^{15} 回ほど向きが変わる一様な電場と感じられよう．電場中に置かれた分子は摂動を受けてエネルギーが変化する．光照射の場合にはその時間が 10^{-15} s ほどしか継続しないため，不確定性関係 $\Delta E\Delta t\gtrsim\hbar$ に基づきエ

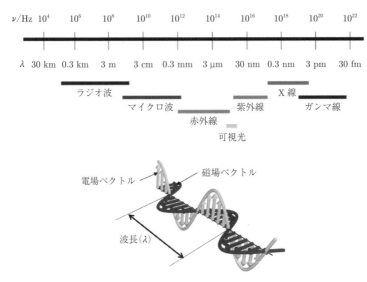

図 **2.23** 電磁波の振動数と名称

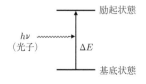

図 2.24　光子の吸収による励起

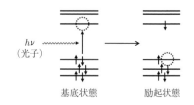

図 2.25　分子軌道を用いた電子遷移の表現[*4]

ネルギー変化量にばらつきが生じる. この式によれば, エネルギーの不確実さは〜10^{-19} J(〜1 eV)ほどになる. これはちょうど分子内を運動する電子の固有状態のエネルギー差に匹敵する大きさなので, 分子はある割合で別の(**基底状態**より高いエネルギーをもつ)状態と混合された状態になる. 見方を変えれば, ある確率で分子が高いエネルギー状態(**励起状態**)で存在するともいえる. この過程を**励起**という.

　この関係は光の振動数 ν を使って

$$\Delta E = h\nu \tag{2.14}$$

と書けるため, $h\nu$ という単位エネルギーをもつ光の粒を分子が吸収して, 励起エネルギー ΔE の幅をジャンプするとみてもよい(図 2.24). こうした見方をするとき, 光を $h\nu$ のエネルギーをもつ**光子**とよぶ.

　分子軌道理論の枠組みでは, 励起は占有軌道から空軌道への電子の移動(遷移)で説明する(図 2.25:図 2.24 とは横棒・矢印の意味が違うので注意).

c. 電子遷移の機構

以下, それぞれの遷移の機構について分子軌道を使って説明する.

　(i) **d–d 遷移**　配位子場によって d 軌道が分裂すると, それらの軌道の間で電子が遷移する(図 2.26). 分裂の幅が大きいほど遷移に伴う励起エネルギーは大きいので, 吸収波長は 2.1.4 項 b で示した分光化学系列($CH_3^- \sim CO > CN^- > NO_2^- > NH_3 > H_2O > ONO^- > NCS^- > OH^- > F^- > Cl^- > Br^- > I^-$)の順で(配位子場が弱い(右)ほど長波長側に)シフトする. また, 中心イオンの種類についても経験的な分光化学系列, $Pt^{4+} > Re^{3+} > Ir^{3+} > Pd^{4+} > Ru^{3+} > Rh^{3+} > Mo^{3+} > Mn^{4+}$

---

　*4　図 2.25 では励起状態をただ一つの電子配置で代表しているが, 一般には複数の電子配置の線形結合で表す近似法(**配置間相互作用**)が用いられる.

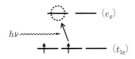

図 2.26 分子軌道を用いた d-d 遷移の表現

$>Co^{3+}>V^{3+}>Cr^{3+}>Fe^{2+}>Co^{2+}>Ni^{2+}>Mn^{2+}$ が知られている．配位子が同一なら，この列で右に行くほど吸収は長波長側にシフトする．概ね電荷が大きいほど，また周期が高いほど d 軌道の分裂が大きくなることがうかがえる．

　吸収スペクトルのピーク値は d 軌道の分裂幅と良い相関があるが，実際のスペクトルにはただ一つの吸収ピークが現れるわけではない．これは，一般には励起状態に対応する電子配置が複数あるためである．しかし図 2.26 のようなモデルでは，電子配置だけから励起状態を区別することはできず，このあたりが分子軌道の古典的な解釈の限界といえよう．

　励起状態のエネルギー準位を配位子場の強さの関数として表した**田辺・菅野ダイヤグラム**は，実験的に得られた吸収ピークを帰属するための強力なツールである．図 2.27 には，八面体対称の場での d^2 金属イオンについて，田辺・菅野ダイヤグラムを簡略化して示した．図 2.27 の左端には配位子場がないときの電子状態の項記号(付録 E 参照)を相対エネルギー軸上に示した．これらの項の相対準位を決めるには **Hund の規則**という経験則が役立つが，定量性を求めるならば実験や計算が必要になる．結晶場が強くなるにつれて，各項のエネルギーは変化し，また場合によっては分裂する[*5]．この分裂は，もともと縮重していた d 軌道が t_{2g} と e_g に分裂することと関連している．^1E_g や $^3T_{2g}$ などの記号は**分子項**とよばれ，その理解には群論[3]の知識が不可欠であるが，本書では立ち入らない．ただ，左肩の数字はスピン多重度を表し，A，E，T はそれぞれ分子が置かれた空間対称性の中で一重，二重，三重に縮重した状態であることを知っておけば十分である．

---

*5 たとえば ^3F 状態は，配位子場の中 $^3T_{1g}$, $^3T_{2g}$, $^3A_{2g}$ 状態に分裂する．^3F の多重度は，スピンの多重度(3)×軌道角運動量の多重度$(2L+1=7)=21$(あるいは $J=4$, 3, 2 であることから $(2×4+1)+(2×3+1)+(2×2+1)=21$ と考えてもよい)であり，$^3T_{1g}, ^3T_{2g}, ^3A_{2g}$ の多重度(それぞれ 9, 9, 3)の和と等しい．他の状態についても分裂によって状態の総数は変わらないことを確かめられたい．

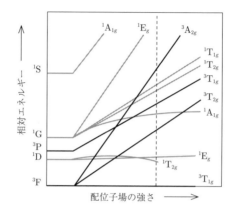

図 2.27　d^2 系の田辺・菅野ダイヤグラムの簡略図
（一重項の状態を灰色，三重項の状態を黒色の線で示した）

　田辺・菅野ダイヤグラムは，常に基底状態が相対的に 0 になるよう書かれている．したがって，横軸上のある 1 点から垂直な線（図中点線）を上に伸ばし，他の線との交点で縦軸をみれば励起エネルギーがわかる．実際に起こり得る遷移はスピン多重度が等しい状態間に限られる（d 項の**選択則**を参照）ことに注意すると，d^2 系（図 2.27）では最初に交差するのが $^3T_{2g}$ の線であり，このエネルギーに対応するピークを $^3T_{2g} \leftarrow {}^3T_{1g}$ と帰属する．他に，$^3A_{2g} \leftarrow {}^3T_{1g}$，$^3T_{1g} \leftarrow {}^3T_{1g}$ のピークが現れ得ることが図からわかるが，配位子場の強さによってこれら二つのピークの順序は入れ替わる（ダイヤグラムが途中で交差していることに注目）．

　同様にして，d^2 以外の系についても d-d 遷移の帰属ができる．d^2 以外の系も含む完全な田辺・菅野ダイヤグラムについては，文献[7]を参照されたい．$d^4 \sim d^7$ の系では，配位子場の強さによって基底状態が変わる（図 2.20 参照）ので，ダイヤグラムは横軸の中ほどで折れ曲がっているようにみえることになる．

　（ii）**電荷移動遷移**　　金属と配位子間の電荷移動による遷移は，LMCT（ligand-to-metal charge transfer）と MLCT（metal-to-ligand charge transfer）の 2 通りに大別できる．図 2.28 は，図 2.13 を改変したものであるが，配位子の軌道は π/π^* 軌道であっても，σ/σ^* 軌道であってもかまわない．

　図 2.28 の（a）LMCT の場合，上方の軌道は金属イオン由来の d 軌道の，下方に描いた軌道は配位子の分子軌道（結合性軌道）の性質をそれぞれ色濃く残してい

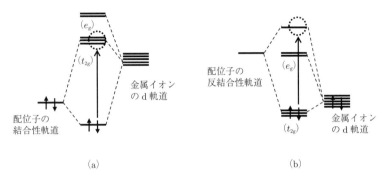

図 **2.28**　電荷移動遷移の分子軌道表現(八面体型錯体を想定)
(a) LMCT, (b) MLCT

る．したがって，下方の軌道から上方の軌道への遷移は，ほとんど配位子から金属イオンへ電子が移動したようにみなすことができる．電荷移動の行き先は t_{2g} でも e_g でもよいが，いずれにしてもこの遷移が起きるにはd軌道に空席がなくてはならない．

　一方，(b)MLCT の場合，上方の軌道は配位子の分子軌道(反結合性軌道)，下方の軌道はd軌道の性質を引き継いでいる．下方の軌道から上方の軌道への遷移は，ほとんど金属イオンから配位子へ電子が移動したようにみなせる．この場合にも電子の出発元は t_{2g} でも e_g でもよいが，当然のことながら基底状態で電子がその軌道を占有していなくてはならない．

　(iii)　**原子価間電荷移動遷移**　分子内に複数の金属イオンを含む錯体(多核錯体)では，同一元素の原子が異なる原子価状態で存在する場合がある．このような状態を混合原子価状態という．混合原子価状態にある多核錯体は，**原子価間電荷移動(IVCT)遷移**によって可視～近赤外領域に吸収を示す．たとえばプルシアンブルー($Fe^{III}_4[Fe^{II}(CN)_6]_3$)では Fe^{III} イオンと Fe^{II} イオンが共存しており，Fe^{II} イオンのd軌道から Fe^{III} イオンのd軌道へ電子が移動すると，両鉄イオンの原子価が入れ替わる．このような電子移動は Fe^{III} イオン Fe^{II} イオンを取り巻く環境が似ているがゆえに起こり，プルシアンブルーの濃青色の原因となっている．IVCT 遷移に必要なエネルギー(吸収する光子のエネルギー)は，d軌道の準位の差よりも少し大きいが，これは図 2.29 のように交差した二つのポテンシャル曲線によって説明できる[*6]．点線で描いた各ポテンシャル曲線は，金属イオン

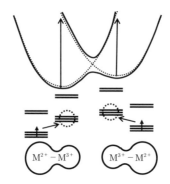

図 2.29 原子価間電荷移動の分子軌道表現

の酸化数をそのままにして，配位子の構造を歪めた際のエネルギーを表している．M^{2+} と M^{3+} とでは最適な配位構造が若干異なり，矢印で示した分のエネルギー差が生じる．

d. 遷移の選択則

　光子のエネルギーが ΔE に見合うとしても，必ずしも分子が励起されるとは限らない．吸収スペクトルのピークの強弱は基底状態と励起状態の両方の電子状態（空間的な広がりや角運動量）に左右される．分子が光を吸収して励起する確率を**遷移確率**といい，理論的な遷移確率が 0 であれば**禁制遷移**，そうでなければ**許容遷移**という（禁制遷移であっても，さまざまな複合的な要因で吸収は観測される．ただし，許容遷移に比べて吸光係数はずっと小さい）．

　遷移確率の尺度は，**振動子強度** f で表される．振動子強度は，実験で得られるモル吸光係数 ε と以下の式で関係付けられる（積分は，ε を波数軸（単位 cm^{-1}）に対してプロットした際のピーク面積）．つまり，吸光度が大きくピーク面積が大きい吸収は，遷移確率の高い励起に対応している．実測の ε に基づいて計算すると，錯体でみられる各吸収帯の振動子強度は，d-d 遷移では $10^{-5}\sim10^{-3}$，π-π^* 遷移では $10^{-2}\sim10^{0}$，d-π/π^* 間の電荷移動遷移では $10^{-2}\sim10^{-1}$，原子価間電荷移動遷移では $10^{-3}\sim10^{-2}$ 程度である．

＊6　点線で描いたポテンシャル曲線は，状態間の相互作用によって実線のような曲線になる．

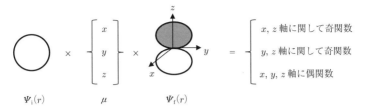

図 **2.30** 遷移モーメント計算における被積分関数の偶奇

$$f = \frac{8\pi^2 m}{3h^2 e^2}\Delta E|\mu_{\mathrm{tr}}|^2 = 4.32\times10^{-9}\times\int\varepsilon(\bar{\nu})\mathrm{d}\bar{\nu} \tag{2.15}$$

ここで絶対値記号の中身は遷移モーメントで，分子が電場から受ける摂動に関係する量である．遷移モーメントは，電子遷移の始状態 Ψ_{i}（基底状態）と終状態 Ψ_{f}（励起状態），それに双極子モーメントを測る演算子 μ を使って計算される（式 (2.16)）．積分は，電子や核が運動する全空間についてとる．

$$\mu_{\mathrm{tr}} = \langle \Psi_{\mathrm{i}} | \mu | \Psi_{\mathrm{f}}\rangle = \int\Psi_{\mathrm{i}}{}^*(r)\sum_k er_k\Psi_{\mathrm{f}}(r)\mathrm{d}v \tag{2.16}$$

1 分子の状態は，並進，回転，振動，電子のハミルトニアンの固有関数 Ψ_{tr}, Ψ_{rot}, Ψ_{vib}, Ψ_{el} の積で表されるため，遷移モーメントを計算するにはさまざまな情報が必要となるが，中でも電子の固有関数は最も重要な寄与をする．Ψ_{i} と Ψ_{f} をともに電子の波動関数とみれば，μ_{tr} の値の大小は関数の偶奇によって決まる．始状態が s 軌道のような球対称関数，終状態が p_z 軌道のような z 軸に関して奇

コラム 2

光と分子の相互作用

電磁場中に置かれた分子はその電気双極子モーメントと磁気双極子モーメントに比例したエネルギーをもつ．光は進行方向に垂直な電場と磁場の成分をもつ波（電磁波）なので，光と分子の相互作用を測るには電気・磁気両方の演算子が必要だが，磁気の項は電気の項に比べて非常に小さいため，式(2.16)では電気双極子だけを考えている．電気双極子演算子 $\mu = er$ は x, y, z 成分に分けることができるので，図 2.30 では μ を $\{x, y, z\}$ と表している．

関数であれば，式(2.16)の被積分関数は図 2.30 に示すようになる．奇関数は全空間で積分すると 0 になるので，遷移モーメントは z 成分のみ非 0 値をもつベクトルとなる．

上の結果は，定性的には次のように解釈することができる．分子が光の電場の中に置かれると，電場との相互作用によって安定化するように軌道の形が歪められる．電場の向きが z 軸方向であれば，s 軌道に p_z 軌道が混合し，sp 混成軌道のような形になる(図 2.31)．すなわち電子の状態は一定の確率で p_z 軌道の状態との重ね合わせで表されることになり，これは s 軌道から p 軌道への電子遷移とみることができる[*7]．このような軌道の混合は，遷移モーメントの向きと光の電場ベクトルの方向が一致したときに最大となる．

図 2.30 に例示したように，ある遷移の確率そのものを計算するのは難しいが，0 かそうでないかは比較的簡単にわかる．禁制・許容を決めるルールを**選択則**という．代表的な選択則として，スピン選択則と Laporté(ラポルテ)の規則が知られている．

(i) **スピン選択則**　　スピン多重度が異なる状態間での遷移は禁制である．たとえば基底状態が一重項であれば，三重項励起状態への遷移は禁制で，一重項励起状態への遷移のみが許される．すなわち，スピンの反転を伴うような遷移は通常起こらない．

遷移モーメントの計算の中で始状態と終状態のスピン固有状態ベクトル(それぞれ $|\sigma_i\rangle$, $|\sigma_f\rangle$ とする)を考慮すると，$\langle \sigma_i | \sigma_f \rangle$ の因子が現れる(付録 F 参照)．たとえば $|\sigma_i\rangle$, $|\sigma_f\rangle$ をそれぞれ一重項，三重項のスピン状態ベクトルとして，表 2.2

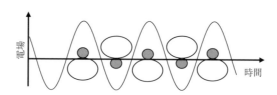

図 2.31　交流電場中に置かれた分子の電子軌道の歪み

＊7　電場の向きは $10^{15}\,\mathrm{s}^{-1}$ ほどの周期で切り替わるため(b 項参照)，軌道の形の変化は電場の変化に対してわずかに遅れる．電場が切り替わった瞬間には分子は不安定な状態であり，再度安定化する際に余分なエネルギーを熱として捨てる．この熱が，分子によって吸収された光エネルギーの末路である．

の式を代入すると，$\langle \sigma_i | \sigma_f \rangle$ は以下のようにすべて 0 になるため，遷移モーメントは 0 になる．

$$\left(\frac{1}{\sqrt{2}} \langle \alpha\beta| - \frac{1}{\sqrt{2}} \langle \beta\alpha| \right) |\alpha\alpha\rangle = \frac{1}{\sqrt{2}} \langle \alpha\beta|\alpha\alpha\rangle - \frac{1}{\sqrt{2}} \langle \beta\alpha|\alpha\alpha\rangle = 0-0 = 0$$

$$\left(\frac{1}{\sqrt{2}} \langle \alpha\beta| - \frac{1}{\sqrt{2}} \langle \beta\alpha| \right) \left(\frac{1}{\sqrt{2}} |\alpha\beta\rangle + \frac{1}{\sqrt{2}} |\beta\alpha\rangle \right)$$

$$= \frac{1}{2} \langle \alpha\beta|\alpha\beta\rangle + \frac{1}{2} \langle \alpha\beta|\beta\alpha\rangle - \frac{1}{2} \langle \beta\alpha|\alpha\beta\rangle - \frac{1}{2} \langle \beta\alpha|\beta\alpha\rangle \quad (2.17)$$

$$= \frac{1}{2} + 0 - 0 - \frac{1}{2} = 0$$

$$\left(\frac{1}{\sqrt{2}} \langle \alpha\beta| - \frac{1}{\sqrt{2}} \langle \beta\alpha| \right) |\beta\beta\rangle = \frac{1}{\sqrt{2}} \langle \alpha\beta|\beta\beta\rangle - \frac{1}{\sqrt{2}} \langle \beta\alpha|\beta\beta\rangle = 0-0 = 0$$

多くの分子では基底状態は一重項であり，励起状態も一重項となる．励起一重項状態から基底状態に戻るとき，余剰のエネルギーが光として放出される現象が**蛍光**である．一方，励起三重項状態から基底一重項に戻る際に発光する現象もあり，こちらは**りん光**とよばれる．りん光が出るためには，励起一重項状態から励起三重項状態への遷移（**項間交差**）が必要だが，通常この遷移は禁制である．しかし第五周期以降の原子では，電子の軌道運動を通じてスピン状態が混合することによってこの制約が弱められることがある（付録 F 参照）．これを**重原子効果**という．4d，5d 電子をもつ遷移金属錯体の中には強いりん光を発するものがあり，機能性材料として応用研究が進められ，実用化されているものもある．

（ii）**Laportéの規則**　スピン多重度が変わらないという条件のもとでは，遷移に伴う L，M の変化が遷移確率を決める．**Laportéの規則**は反転対称の系において近似的に成り立つ規則で，状態の偶奇性に基づいて遷移確率が説明される．許容となるのは以下の場合である（証明は付録 G 参照）．

$$\Delta L \equiv L_f - L_i = 0 \text{ または } \pm 1$$
$$\Delta M \equiv M_f - M_i = 0 \text{ または } \pm 1 \quad (2.18)$$
（ただし，$L_f = L_i = 0$，$M_f = M_i = 0$ の場合は除く）

Laporté の規則が厳密に成り立つとすれば，s→p，p→d など l が 1 だけ変化する遷移のみが許容である．したがって，l が変化しない d→d の遷移は禁制であり，配位子場による呈色は起こり得ないことになる．現実の錯体では，配位子の不均一性や Jahn-Teller 効果（2.2.1 項 c 参照）による対称性低下のために式（2.18）

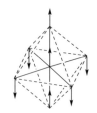

図 **2.32**　d-d 遷移を可能にする基準振動モードの例

の選択則が破られることがよくある．しかし，十分に高い対称性をもつ錯体であっても d-d 遷移は観測され(ただし ε は小さい)，色づいて見える．この現象を説明するには，分子の振動状態を考える必要がある．直観的には，配位子を含めた分子全体の振動によって対称性が低下し，Laporté の規則が適用されなくなるためと考えてよい．厳密には，電子の波動関数と分子振動の波動関数の干渉(**振動電子結合**)で説明される．

　分子振動の波動関数 $\varPsi_{\mathrm{vib}}$ は，分子振動の Schrödinger 方程式の解である．分子の構成原子が N 個であれば $3N-6$ 個の基準振動を表す固有関数が得られる．通常，分子振動の波動関数は電子の波動関数とは別々に求めるが，これは暗に電子の波動関数と分子振動の波動関数が独立だと仮定していることになる(Born-Oppenheimer(ボルン・オッペンハイマー)近似)．電子遷移に分子振動の影響を取り入れるには，この独立性の制約を少し緩めなくてはならない(付録 H 参照)．

　正八面体型の対称性をもつ分子では，実際に遷移モーメントを非 0 値にする基準振動が存在し，そのためにわずかながら d-d 遷移が観測される(図 2.33)．そのような基準振動を特定する具体的な手順については文献[3]を参照されたい．

2.2　金属錯体の反応

　金属錯体の反応は，通常の化学反応と同様に，Gibbs(ギブズ)自由エネルギー差 ΔG および活性化 Gibbs 自由エネルギー差 $\Delta G^{\ddagger}$ を用いて，熱力学的に理解できる(図 2.33)．ΔG は反応物の状態と生成物の状態との間の Gibbs 自由エネルギー差を反映し，平衡定数 K から実験的に求められる．一方 $\Delta G^{\ddagger}$ は，反応物の状態と遷移状態の間の Gibbs 自由エネルギー差を反映するので，反応速度定数 k から実験的に求められる．金属錯体の数に応じて，さまざまな無数の反応が存在

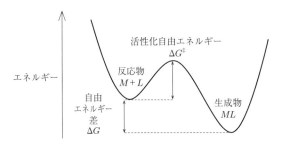

図 **2.33** 金属錯体の反応におけるエネルギー図

するが，本節では，金属錯体特有の反応として，配位子置換反応，酸化還元反応に着目し，上記熱力学的パラメータでうまく分類できるものをとくに抽出して例証することで，金属錯体の反応を説明する．

2.2.1 配位子置換反応

　配位と脱離が容易であることは配位結合の重要な特徴であるため，配位子置換反応は錯体特有の反応としてあげられる．抗がん剤シスプラチンに DNA が配位する反応(1 章，4 章)も，配位子置換反応の一つといえよう．

　Gibbs 自由エネルギー差 ΔG は，エンタルピー項 ΔH，エントロピー項 $-T\Delta S$ を用いて以下のように表される．

$$\Delta G = \Delta H - T\Delta S \tag{2.19}$$

　配位子置換反応では，エンタルピー項の寄与が支配的な反応と，エントロピー項の寄与が支配的な反応を分類して例証できるので，これらを具体的に説明していく．

a. 結晶場安定化エネルギー（CFSE）

　配位子置換反応の前に，金属イオンへ H_2O 配位子が配位する反応を考えてみる．図 2.34 の□は，第一遷移系列の 2 価金属イオン M^{2+} がアクア錯体を形成する以下の水和反応について，実験的に得られたエンタルピー項をプロットしたものである．

$$M^{2+}(g) + 6H_2O(l) \longrightarrow [M(H_2O)_6]^{2+}(aq) \tag{2.20}$$

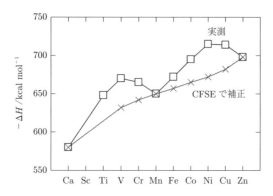

図 2.34 2 価金属イオン M^{2+} がアクア錯体を形成する水和反応における
エンタルピー ΔH と結晶場安定化エネルギー(CFSE)の関係

　ここで，Ca^{2+}，Mn^{2+} および Zn^{2+} に対する値をなめらかな曲線で結ぶと二つ
の山をもつ曲線がみられる．Ca^{2+}，Mn^{2+}，Zn^{2+} を結んだ曲線からのずれは，結
晶場安定化エネルギー(CFSE)または配位子場安定エネルギー(LFSE)とよばれ
る錯体形成時の安定化エネルギーを考慮することで，うまく説明できる．
　電子はエネルギーが低い t_{2g} 軌道を先に占有するので，系全体のエネルギーは
低下する．たとえば，d^9 電子配置の正八面体型銅(II)アクア錯体の場合，$-4Dq$
のエネルギーを有する t_{2g} 軌道に六つ，$+6Dq$ のエネルギーを有する e_g 軌道に三
つの電子が配置されるので，結晶場分裂に関わる全体のエネルギーは以下のよう
に計算される．

$$6(-4Dq) + 3(6Dq) = -6Dq \tag{2.21}$$

このように系全体のエネルギーは，$6Dq$ だけ低下する．これが，CFSE であ
る．一方，d^0，d^5(高スピン)および d^{10} という電子配置をとっている場合，d 軌
道が分裂しても，その系全体のエネルギーは分裂前と変わらない．たとえば，
d^{10} の場合，CFSE は以下のように計算される．

$$6(-4Dq) + 4(6Dq) = 0 \tag{2.22}$$

同様の計算を正八面体型アクア錯体について行うことで，d^0，d^5(高スピン)お
よび d^{10} という電子配置をそれぞれとっている Ca^{2+}，Mn^{2+}，Zn^{2+} イオンの
CFSE は 0 と計算される．
　d^0 から d^{10} までの高スピンおよび低スピンの正八面体型錯体について，CFSE

表 **2.3**　d^0 から d^{10} までの正八面体型錯体の高スピンおよび低スピンの場合の CFSE

d電子数	0	1	2	3	4	5	6	7	8	9	10
高スピン CFSE/Dq	0	4	8	12	6	0	4	8	12	6	0
低スピン CFSE/Dq	0	4	8	12	16	20	24	18	12	6	0

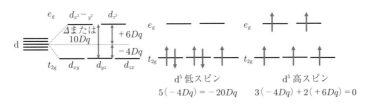

図 **2.35**　d^5 錯体における結晶場安定化エネルギー（CFSE）

の大きさを表2.3にまとめた．低スピン錯体の場合，CFSE は d^6 で最大となるのに対し（図2.35），高スピン錯体の CFSE は，d^3 および d^8 で極大となる二つの山をもつ曲線となる．この二つの山をもつ曲線は，図2.34に示された水和反応のエンタルピー項の金属イオン依存性と似ている．図2.34の×の線は，可視吸収スペクトルから求められる Dq をもとに見積もられた CFSE を，実測値から差し引いた補正値についてもプロットしたものである．補正値は，CFSE をもたない d^0，d^5（高スピン）および d^{10} 錯体のエンタルピー項をつないだ線の近くにあり，二つの山は確かに結晶場に起因するものであったことがわかる．このような CFSE の効果は，配位熱，金属ハロゲン化物の格子エネルギー，生成熱などにおいてもみられるが，CFSE の寄与は一般に全エネルギーの10%程度以下にすぎないので，他の要因が一定に保たれる場合にのみ観測されることに注意しなければならない．

b. 生成定数と熱力学

　次に，錯体の配位子置換反応について，その生成定数と熱力学を説明する．最初に，配位子置換反応を考える．

$$M(H_2O) + L \longrightarrow ML + H_2O \tag{2.23a}$$

$$K_f = \frac{[ML]}{[M(H_2O)][L]} \tag{2.23b}$$

ここで K_f は，錯体の生成定数とよばれる．なお，溶媒である H_2O の濃度は，錯体濃度が低い溶液では一定となるため，K_f に値が繰り込まれている．この K_f と標準生成 Gibbs エネルギー ΔG との間には以下の関係がある．

$$\Delta G = -RT \ln K_f \tag{2.24}$$

すなわち K_f は，反応前の状態 $(M(H_2O)+L)$ と，反応後の状態 $(ML+H_2O)$ 間の Gibbs エネルギー差を反映する．配位子置換反応における Gibbs エネルギー変化を，CFSE と関連付けて考えてみよう．H_2O よりも L が大きな配位子場を与えた場合，CFSE がエンタルピー項に寄与することにより，ML は $M(H_2O)$ よりも安定となる．結果として，ΔG は負に大きくなり，K_f は大きくなる．配位結合が強いほど配位子場が大きくなることを踏まえると，K_f は，配位子 H_2O と L との間の配位結合の強さに関する相対比を反映していると考えられる．すなわち，K_f が大きければ，L の配位結合の強さが大きいことを示し，K_f が小さければ，L の配位結合の強さが小さいことを示す．$\ln K_f$ が ΔG と比例関係にあること，および K_f が非常に大きな範囲で変化することなどの理由から，K_f は対数表示 $\log K_f$ で表すこともある．

　具体的に考えてみよう．$[Ni(H_2O)_6]^{2+}$ が $[Ni(NH_3)_6]^{2+}$ となる配位子置換反応は，段階的に反応が進行すると考えられる．

$$[Ni(H_2O)_6]^{2+}(aq) + NH_3(aq) \rightleftharpoons [Ni(NH_3)(H_2O)_5]^{2+}(aq) + H_2O(l)$$

$$K_1 = \frac{[[Ni(NH_3)(H_2O)_5]^{2+}(aq)]}{[[Ni(H_2O)_6]^{2+}(aq)][NH_3(aq)]}$$

$$[Ni(NH_3)(H_2O)_5]^{2+}(aq) + NH_3(aq) \rightleftharpoons [Ni(NH_3)_2(H_2O)_4]^{2+}(aq) + H_2O(l)$$

$$K_2 = \frac{[[Ni(NH_3)_2(H_2O)_4]^{2+}(aq)]}{[[Ni(NH_3)(H_2O)_5]^{2+}(aq)][NH_3(aq)]}$$

$$\vdots$$
$$\vdots$$

$$[Ni(NH_3)_5(H_2O)]^{2+}(aq) + NH_3(aq) \rightleftharpoons [Ni(NH_3)_6]^{2+}(aq) + H_2O(l)$$

$$K_6 = \frac{[[Ni(NH_3)_6]^{2+}(aq)]}{[[Ni(NH_3)_5(H_2O)]^{2+}(aq)][NH_3(aq)]} \tag{2.25}$$

ここで，平衡定数 $K_n (n=1 \sim 6)$ は錯体の逐次生成定数である．この反応では，シス-トランス異性化を無視したとしても少なくとも6段階ある．この場合，生成平衡定数は，以下のように表すこともできる．

$$[Ni(H_2O)_6]^{2+}(aq) + NH_3(aq) \quad \rightleftharpoons \quad [Ni(NH_3)(H_2O)_5]^{2+}(aq) + H_2O(l)$$

$$\beta_1 = K_1 = \frac{[[Ni(NH_3)(H_2O)_5]^{2+}(aq)]}{[[Ni(H_2O)_6]^{2+}(aq)][NH_3(aq)]}$$

$$[Ni(H_2O)_6]^{2+}(aq) + 2NH_3(aq) \quad \rightleftharpoons \quad [Ni(NH_3)_2(H_2O)_4]^{2+}(aq) + 2H_2O(l)$$

$$\beta_2 = \frac{[[Ni(NH_3)_2(H_2O)_4]^{2+}(aq)]}{[[Ni(H_2O)_6]^{2+}(aq)][(NH_3)_2(aq)]}$$

$$\vdots$$
$$\vdots$$

$$[Ni(NH_3)_5(H_2O)]^{2+}(aq) + 6NH_3(aq) \quad \rightleftharpoons \quad [Ni(NH_3)_6]^{2+}(aq) + 6H_2O(l)$$

$$\beta_6 = \frac{[[Ni(NH_3)_6]^{2+}(aq)]}{[[Ni(H_2O)_6]^{2+}(aq)][(NH_3)_6(aq)]} \tag{2.26}$$

β_n は全生成定数とよばれ，これは逐次生成定数の積である.

$$\beta_n = K_1 K_2 \cdots K_n \tag{2.27}$$

そのため，最終生成物 $[Ni(NH_3)_6]^{2+}$ の濃度を計算したいときは，β_6 を用いる.

> 生成定数 K の逆数である解離定数 K_d も，ときとして有用であり，ある濃度の錯体を得るのに必要な配位子の濃度を知りたいときによく使われる.

c. Irving–Williams 系列と Jahn–Teller 効果

　金属錯体の配位子置換反応における生成定数と CFSE の関係を具体的に考えてみよう. 膨大な数の生成定数が決定されたが，いくつかの配位子について錯体の生成定数の金属イオン依存性を調べると，配位子の種類によらず，以下の順序となる.

$$Mn^{2+} < Fe^{2+} < Co^{2+} < Ni^{2+} < Cu^{2+} > Zn^{2+} \tag{2.28}$$

これは Irving–Williams（アーヴィング・ウィリアムス）系列とよばれる. 強配位子場を与える配位子との生成定数 K_f は，d^6 Fe(II)，d^7 Co(II)，d^8 Ni(II)，d^9 Cu(II)の順で増加し，d^{10} Zn(II)において減少する. ここで，d^6 Fe(II)，d^7 Co(II)，d^8 Ni(II)，および d^{10} Zn(II)の間における生成定数の関係は，CFSE の関係と一致している. すなわち，CFSE により生成物が安定になるため，ΔG は負に大きくなり，生成定数も増加する.

　一方，d^9 Cu(II)錯体は，Ni(II)錯体と比べると反結合性の e_g 軌道の電子が一つ多いにもかかわらず，その安定性は Ni(II)よりも高い. これは以下のように

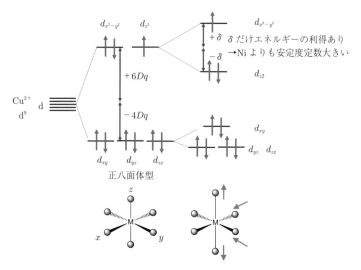

図 2.36 Jahn-Teller 効果

説明できる. 正八面体型 6 配位 Cu(Ⅱ)錯体では, $(d_{xy})^2(d_{yz})^2(d_{zx})^2(d_{x^2-y^2})^2(d_{z^2})^1$ の電子配置で表される電子状態と, $(d_{xy})^2(d_{yz})^2(d_{zx})^2(d_{z^2})^2(d_{x^2-y^2})^1$ の電子配置で表される電子状態のエネルギーが等しい. このように, 二つ以上の電子状態のエネルギーが等しいことを, "電子状態が縮重(または縮退)している"という. 図2.36 に示したように, x 軸, y 軸上の配位子がより金属イオンに近接し, z 軸上の配位子がより金属イオンから離れるように歪むと, $d_{x^2-y^2}$ 軌道が δ 分だけ不安定化し, d_{z^2} 軌道が δ 分だけ安定化する. そのため, 分子全体では, $(d_{xy})^2(d_{yz})^2(d_{zx})^2(d_{z^2})^2(d_{x^2-y^2})^1$ の電子配置で表される電子状態が, δ 分だけ安定化する. 一方, z 軸上の配位子がより金属イオンに近接し, x 軸, y 軸上の配位子がより金属イオンから離れるような場合は, d_{z^2} 軌道が δ 分だけ不安定化し, $d_{x^2-y^2}$ 軌道が δ 分だけ安定化する. そのため, 分子全体では, $(d_{xy})^2(d_{yz})^2(d_{zx})^2(d_{x^2-y^2})^2(d_{z^2})^1$ の電子配置で表される電子状態が, δ 分だけ安定化する. このように, 電子状態が縮重している非直線分子が, 歪むことによって安定化することを, Jahn-Teller(ヤーン・テラー)効果とよぶ. なお, 正八面体型Ni(Ⅱ)錯体では, d_{z^2} 軌道と $d_{x^2-y^2}$ 軌道のエネルギーは縮重しているが, Pauli(パウリ)の排他原理に基づき, $(d_{xy})^2(d_{yz})^2(d_{zx})^2(d_{z^2})^1(d_{x^2-y^2})^1$ の電子配置で表さ

れる電子状態が基底状態となる．この場合，電子状態が縮重していないため，Jahn-Teller 効果は起こらない．これらの理由から，d^9 Cu(II)錯体は，d^8 Ni(II)錯体よりも安定性は高く，K_fの値が高くなっている．

d.　キレート効果

a〜c 項で紹介してきた CFSE や Jahn-Teller 効果は，エンタルピー項 ΔH を負に増加させており，結果として，Gibbs 自由エネルギー差 ΔG も負に増加する．エントロピー項 $-T\Delta S$ へ寄与する例として，多座配位子との錯形成により錯体が安定化するキレート効果について紹介しよう．

エチレンジアミン(en, 図 1.11)のような二座キレート配位子を用いた錯体の生成定数 β_1 は，アンモニアが 2 分子配位して生成するビス(アンミン)錯体の生成定数 β_2 と比べて，非常に大きい(図 2.37)．ここで各熱力学パラメータの右肩にある"°"は，標準状態(25℃，298.15 K，10^5 Pa)であることを示している．このように，キレート錯体が非常に安定化される効果をキレート効果とよぶ．

エチレンジアミン錯体とビス(アンミン)錯体，どちらを生成する反応においても，二つの Cd—N 結合が形成されるため，エンタルピー項 $\Delta H°$ に大きな違いはない．一方，ビス(アンミン)錯体を生成する反応に比べ，エチレンジアミン錯体を生成する反応におけるエントロピー項 $-T\Delta S°$ は負に大きい．結果として，$\Delta G°$ も負に増加する．すなわち，生成定数が $10^{4.95}$ から $10^{5.84}$ へと 1 桁大きくなるため，エチレンジアミン錯体は，ビス(アンミン)錯体に比べ，安定に生成される．これは，反応前後の分子数を数えることによって説明される．ビス(アンミン)錯体の生成反応では，反応前後において分子数は変化しない(3→3)が，エチ

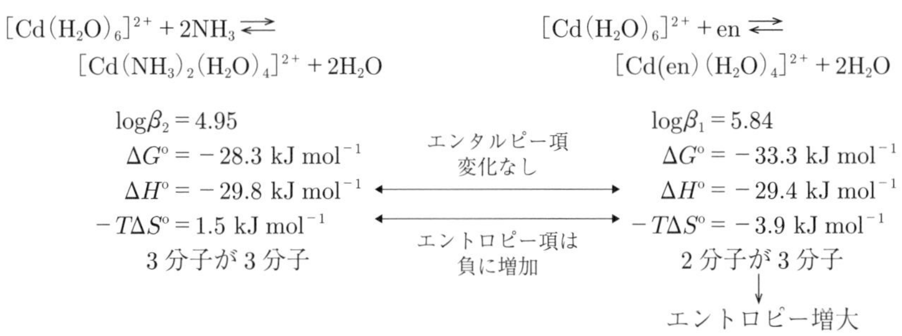

$[\mathrm{Cd(H_2O)_6}]^{2+} + 2\mathrm{NH_3} \rightleftarrows$ 　　　　　$[\mathrm{Cd(H_2O)_6}]^{2+} + \mathrm{en} \rightleftarrows$
　　$[\mathrm{Cd(NH_3)_2(H_2O)_4}]^{2+} + 2\mathrm{H_2O}$ 　　　　$[\mathrm{Cd(en)(H_2O)_4}]^{2+} + 2\mathrm{H_2O}$

$\log\beta_2 = 4.95$	エンタルピー項 変化なし	$\log\beta_1 = 5.84$
$\Delta G° = -28.3$ kJ mol^{-1}		$\Delta G° = -33.3$ kJ mol^{-1}
$\Delta H° = -29.8$ kJ mol^{-1}	⟷	$\Delta H° = -29.4$ kJ mol^{-1}
$-T\Delta S° = 1.5$ kJ mol^{-1}	⟷	$-T\Delta S° = -3.9$ kJ mol^{-1}
3 分子が 3 分子	エントロピー項は 負に増加	2 分子が 3 分子 ↓ エントロピー増大

図 2.37　キレート効果．$[\mathrm{Cd(H_2O)_6}]^{2+}$ とエチレンジアミン(en)の反応

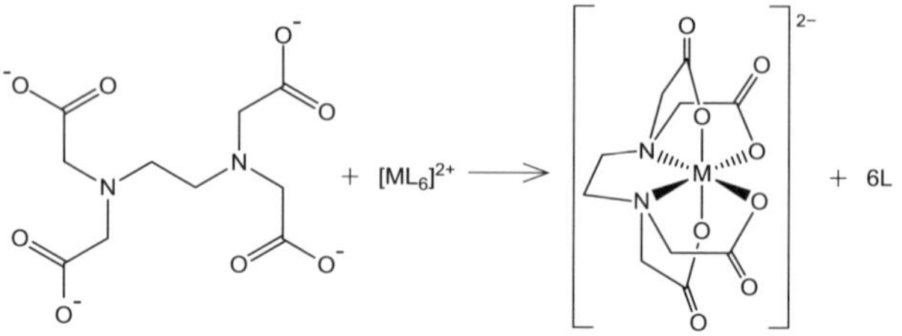

図 2.38 edta^{4-} の錯形成反応

レンジアミン錯体の生成反応では，反応後の分子数が増加(2→3)する．反応後の独立な分子数の増加は，自由度・乱雑さを増すことになるため，エントロピー ΔS が正に増加し，エチレンジアミン錯体の生成反応におけるエントロピー項 $-T\Delta S$ は負に増加する．このように，キレートが含まれる錯体が安定に生成する反応は，エントロピー的に有利な反応であるため，エントロピー効果ともよばれる．

　キレート化におけるエントロピーの優位性は，原理上，どのような多座配位子にも適用することができ，四座配位子であるポルフィリンや，六座配位子である edta^{4-} を含む錯体の大きな安定性の一つの要因となっている．たとえば edta^{4-} の場合，Cd^{2+} に対する $\log\beta_1$ は 16.59 であり，en の $\log\beta_1$($=5.84$)と比べて非常に大きい(図 2.38)．

　キレート効果は，常に有効であるわけではない．たとえばエチレンジアミン錯体のように，金属イオンと配位子で五員環を形成する場合は安定であるが，四員環は構造上不安定であるため，形成できない．なお，八員環以上の場合もキレート効果は期待できず，二つの配位原子は独立なもののように振る舞う．

　キレート効果は，実用的に非常に有用である．化粧水や乳液には，含有成分を溶けにくくする金属イオンをトラップできる edta(エデト酸)が加えられており，透明さが保たれている場合がある．分析化学の錯滴定で使われる試薬の大部分も，edta のような多座配位子である．医療においては，edta を点滴し，体内に蓄積した重金属などを尿中から排出させるキレーション療法が行われている．また，生体分子においても，金属イオンへキレート配位子が結合している場合が非常に多い．それらの非常に大きな生成定数($10^{12} \sim 10^{25}$)は，一般的にキレート効果がはたらいている証拠でもある．

e. 置換反応速度：置換活性と不活性

これまで，反応前の状態と反応後の状態との間のエネルギー差 ΔG に，CFSE，Jahn-Teller 効果，キレート効果がどのように寄与するのかについて紹介してきた．

ここからは，配位子交換反応における反応速度について考えてみよう．上述してきた CFSE や Jahn-Teller 効果は，反応速度にも影響を与える．放射性同位体でラベルした過剰の H_2O^* をアクア錯体に加えることで，以下の置換反応が調べられている．

$$[M(H_2O)_x]^{n+} + H_2O^* \rightleftharpoons [M(H_2O)_{x-1}(H_2O^*)]^{n+} + H_2O \qquad (2.29)$$

この置換反応では，反応前後の状態間のエネルギー差 $\Delta G = 0$ となる．そのため，活性化 Gibbs 自由エネルギー差 $\Delta G^{\ddagger}$ が遷移金属イオンの性質に依存することで，反応速度定数 k が変化することとなる．

$$\Delta G^{\ddagger} = -RT \ln k \qquad (2.30)$$

さまざまな遷移金属イオンについて調べることで，その置換反応速度は，遷移金属イオンの電子配置に強く依存することが明らかとなった（表 2.4）．これらは，置換反応速度に依存して，置換活性と置換不活性に分類される．

CFSE による安定化が大きい場合，金属錯体は置換不活性となる．この場合，反応前の状態が CFSE により安定化している一方，配位子が外れた遷移状態では，CFSE による安定化も減少する．そのため，$\Delta G^{\ddagger}$ が増加し，反応速度が遅くなる．

一方，Jahn-Teller 効果が起こる d^4 錯体，d^9 錯体は，置換活性となる．Jahn-Teller 効果が起こった場合，z 軸もしくは x, y 軸上の配位子の結合が緩むこととなる（図 2.36）．この Jahn-Teller 歪みのため，配位子交換が促進されることとなる．

表 **2.4** アクア錯体における置換反応速度

	電子配置	金属イオン	反応速度 $/s^{-1}$
置換不活性	d^3	V^{2+}, Cr^{3+}	$10^2 \sim 10^{-6}$
	d^6 低スピン	Fe^{2+}, Co^{3+}	$\sim 10^6$
	d^8 正八面体	Ni^{2+}	$\sim 10^4$
置換活性	d^4	Cr^{2+}	$\sim 10^9$
	d^9	Cu^{2+}	$\sim 10^9$

　なお，上述したキレート効果には速度論的な役割もある．ひとたび多座配位子の配位部位が金属イオンと結合すると，金属イオンと接近することを余儀なくされるので，他の配位部位も結合しようとする．したがって，キレート錯体は速度論的にも有利である．

f.　置換反応メカニズム

　これまでは，CFSE，Jahn-Teller 効果，キレート効果の観点から，配位子置換反応の Gibbs 自由エネルギー差 ΔG，活性化 Gibbs 自由エネルギー差 $\Delta G^{\ddagger}$，反応速度を議論してきた．

　ここからは，置換反応におけるさまざまな機構を紹介していこう．置換反応の機構は，以下の三つに大別される．

① 脱離（**D**：dissociative）**機構**：有機反応論における S_N1 機構に相当．最初に配位子 X が脱離した中間体を形成し，その後，配位子 Y が配位する機構．

$$ML_nX + Y \quad \longrightarrow \quad \underset{\text{中間体}}{ML_n} + X + Y \quad \longrightarrow \quad ML_nY + X \tag{2.31}$$

② 会合（**A**：associative）**機構**：有機反応論における S_N2 機構に相当．最初に進入配位子が付加した中間体を形成し，その後，配位子が脱離する機構．

$$ML_nX + Y \quad \longrightarrow \quad \underset{\text{中間体}}{ML_nXY} \quad \longrightarrow \quad ML_nY + X \tag{2.32}$$

③ 交替（**I**：interchange）**機構**：配位子 Y の配位と配位子 X の脱離が同時に進行する機構．

$$ML_nX + Y \quad \longrightarrow \quad \underset{\text{遷移状態}}{ML_nXY} \quad \longrightarrow \quad ML_nY + X \tag{2.33}$$

なお，D と I もしくは I と A の中間的な機構も考えることができ，それぞれ解離的交替機構（I_d），会合的交替機構（I_a）とよばれる．

　置換不活性で反応が遅い Co(Ⅲ)錯体は，反応が追跡しやすいため，研究例が多い．D 機構または I_d 機構による配位子交換反応の例として，以下の Co(Ⅲ)錯体アクア化反応を紹介しよう．

$$[CoX(NH_3)_5]^{2+} + H_2O \rightleftharpoons [Co(NH_3)_5H_2O]^{3+} + X^- \tag{2.34}$$

さまざまな X^- に関して，この反応の速度定数の対数 $\log k$ に対して，平衡定数の対数 $\log K$ をプロットすると，良い直線関係が得られ，その傾きはおよそ 1 となる（図 2.39）．

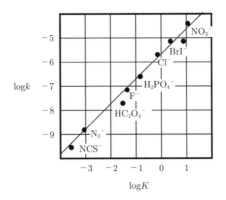

図 **2.39**　Co(Ⅲ)錯体アクア化反応における
反応速度定数と平衡定数の関係

図 **2.40**　平面四角形 Pt(Ⅱ)錯体における A 機構による置換反応

$\Delta G^{\ddagger} = -RT \ln k$, $\Delta G = -RT \ln K$ から, 傾き $d \log k/d \log K$ がおよそ 1 であるということは, $d\Delta G^{\ddagger}/d\Delta G$ がおよそ 1 であると考えることができる. これは, 脱離する配位子 X^- が変化することに伴う $\Delta G^{\ddagger}$ の変化と ΔG の変化の比が同程度であることを示しており, 反応遷移状態がほぼ生成物(Co—X がほとんど切れた状態)であると考えることができる. そのため, この反応は, D 機構または I_d 機構による配位子交換反応であると結論される.

次に, A 機構による配位子交換反応の例を紹介しよう. 平面四角形型構造をとる Pt(Ⅱ)錯体では, 空位を利用した A 機構により配位子置換反応が進行すると考えられるものが多い. 進入配位子 Y は, 平面四角形の上または下から進入し, 三方両錐型中間体を経由して配位子 X が脱離する. この際, Y は X の位置に置換されるので, 幾何構造は保持される(図 2.40).

Pt(Ⅱ)錯体において, 二つ目の配位子が置換される際には, トランス効果という特徴的な現象がある. [PtCl$_4$]$^{2-}$ を NH$_3$ で置換させると, *cis*-[Pt(NH$_3$)$_2$Cl$_2$]

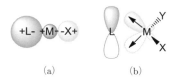

図 2.41 平面四角形 Pt(II)錯体におけるトランス効果による置換反応

$$(a) \qquad\qquad (b)$$

図 2.42 トランス効果に対する(a) 分極理論と,
(b) 5 配位錯体遷移状態における π 逆供与

が生成するのに対し,$[Pt(NH_3)_4]^{2+}$ を Cl^- で置換させると,*trans*-$[Pt(NH_3)_2$ $Cl_2]$が生成する(図 2.41).これら二つの反応は,Cl^- 配位子のトランス位が選択的に配位子置換することで説明できる.これをトランス効果とよび,その効果は,$H_2O<OH^-<NH_3$, $Py<Cl^-<Br^-<SCN^-<I^-<NO_2^-<C_6H_5^-<CH_3^-$, $(NH_2)_2CS<H^-$, $PR_3<CN^-$, CO, C_2H_4 の順で増加する.このトランス効果の説明には,二つの理論が存在する(図 2.42).その一つは分極理論である.分極しやすい配位子 L ほど,トランス位の配位子 X を置換されやすくするというものである.もう一つの理論は,5 配位錯体の遷移状態に関する理論である.π 逆供与により M から配位子 L へ d_π 電子が流れ込む度合が大きい場合,Y の攻撃を受けやすくなるというものである.

D 機構,A 機構,I 機構に加え,Eigen(アイゲン)機構を紹介しよう.Eigen が,2 価の金属イオンとさまざまな陰イオンの錯形成反応を調べて提案したこの機構は,金属イオンと陰イオンはイオン対(または外圏錯体)を作成し,外圏錯体内での配位子交換を行うものである.

$$[M(H_2O)_6]^{2+}+X^{n-} \;\rightleftharpoons\; [M(H_2O)_6]^{2+}\cdot X^{n-} \;\longrightarrow\; [MX(H_2O)_5]^{(2-n)}+H_2O$$
$$\text{イオン対・外圏錯体}$$

$$(2.35)$$

2.2.2　電子移動反応

多くの金属錯体が有する特長の一つとして，"酸化還元活性"であることがあげられる．そのため，金属錯体の酸化還元反応すなわち電子移動反応は，ミトコンドリアにおける電子伝達系や光合成などの生物学的観点だけでなく，太陽電池などの最先端工学材料の観点からもきわめて重要な反応である．本項では，電子移動反応の理論的な背景を概説し，金属錯体特有の電子移動反応を紹介する．

a.　電子移動反応における理論的背景

2.2.1 項で説明した配位子置換反応と同様に，電子移動反応も，図 2.33 をもとに，Gibbs 自由エネルギー差 ΔG および活性化 Gibbs 自由エネルギー差 $\Delta G^{\ddagger}$ を用いて理解できる（図 2.43）．金属錯体特有の電子移動反応を理解する前に，通常の分子間電子移動反応を考えよう．例として，以下の電子供与体 D と電子受容体 A 間の電子移動反応を考える．

$$D + A \longrightarrow D^+ + A^- \tag{2.36}$$

この反応の Gibbs 自由エネルギー差は，電子供与体の酸化電位 $E°(D^+/D)$ と電子受容体の還元電位 $E°(A/A^-)$ を用いて，以下のように表される．

$$\Delta G°' = -|z|F[E°(A/A^-) - E°(D^+/D)] \tag{2.37}$$

酸化剤側，還元反応　$A + e^- \longrightarrow A^-$　　　　　$E°(A/A^-)$

還元剤側，酸化反応　$D \longrightarrow D^+ + e^-$　　　　　$E°(D^+/D)$

ここで酸化電位と還元電位は，電気化学測定から独立に求めることができる．還元電位と酸化電位の差から，電子移動反応の Gibbs 自由エネルギーを見積もるこ

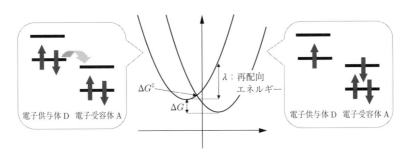

図 2.43　電子移動反応におけるエネルギー図

とができるが，これは反応の予測に非常に有用である．たとえば，膨大な n 種類の化合物が存在したとき，それらの異種 2 分子電子移動反応の組合せは $n(n-1)/2$ となり，それぞれについて調べる必要が出てくる．一方，それら n 種類の化合物について酸化電位，還元電位を調べておけば，さまざまな電子移動反応の組合せを予測できる．

次に，電子移動反応速度 k_{et} および活性化自由エネルギー $\Delta G^{\ddagger}$ に関する理論的背景について紹介しよう．これは，Marcus によって詳しく研究されており，再配向エネルギー λ を用いて以下のように表される．

$$k_{et} = A \exp\left(-\frac{\Delta G^{\ddagger}}{RT}\right) \tag{2.38}$$

$$\Delta G^{\ddagger} = \frac{\lambda}{4}\left(1 + \frac{\Delta G^{o\prime}}{\lambda}\right)^2$$

ここで ΔG° は，酸化電位，還元電位から見積もることができる．

b.　内圏型機構と外圏型機構

金属錯体における特有の電子移動反応機構として，内圏型機構と外圏型機構があげられる．前者の反応速度は，後者に比べ 10^{10} も違うことがある．この内圏型機構は，金属錯体間の電子移動を巧みに測定することで見出されてきたので，それを例にとり，内圏型機構を考えてみよう（図 2.44）．

$[Co(III)X(NH_3)_5]^{2+}$ と $[Cr(II)(H_2O)_6]^{2+}$ 間では電子移動反応が起こり，$Co(II)$ 錯体と $Cr(III)$ 錯体が生成する．この電子移動反応の速度では，配位子 X が，F^- $(2.5 \times 10^5 \, M^{-1} s^{-1})$，$Cl^- (6 \times 10^5 \, M^{-1} s^{-1})$，$Br^-$，$I^-$，$CH_3CO_2^-$，$OH^-$ などであるときには非常に速く，$NH_3 (8.0 \times 10^{-5} \, M^{-1} s^{-1})$ では遅い．配位子 X が架橋配位

$$[CoX(NH_3)_5]^{2+} + [Cr(H_2O)_6]^{2+} \longrightarrow [Co(H_2O)_6]^{2+} + [CrX(H_2O)_5]^{2+}$$

(III)d⁶ 置換不活性　　(II)d⁴ 置換活性
還元剤

$$[(NH_3)_5Co-X-Cr(H_2O)_6]^{4+*} \dashrightarrow [Co(NH_3)_5]^{2+} + [CrX(H_2O)_5]^{2+}$$

架橋構造：Cr(II)→Co(III)電子移動　　(II)d⁷ 置換活性　　(III)d³ 置換不活性

図 2.44　内圏型機構による $[Co(III)X(NH_3)_5]^{2+}$―$[Cr(II)(H_2O)_6]^{2+}$ 間電子移動反応

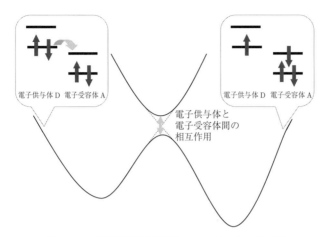

図 2.45　内圏型電子移動反応におけるエネルギー図

子となること，および$[Cr(II)(H_2O)_6]^{2+}$ が置換活性な d^4 錯体であることが，この反応の鍵である．すなわち，反応が速い場合には，遷移状態で架橋錯体 $[(NH_3)_5Co-X-Cr(H_2O)_5]^{4+*}$ を形成するため，$Cr(II)$ から $Co(III)$ への速い電子移動が起こる．電子移動により，置換不活性な d^6 錯体$[Co(III)X(NH_3)_5]^{2+}$ が，置換活性である d^7 錯体$[Co(II)(NH_3)_5]^{2+}$ となるため，NH_3 配位子が溶媒の H_2O に置換されて$[Co(II)(H_2O)_6]^{2+}$ が生成する．このように，架橋構造を形成することで，電子移動が促進される機構を内圏型機構とよぶ．一方，X が NH_3 の場合は，架橋構造をとることができないため，電子移動が遅くなる．これを外圏型機構とよぶ．

　図 2.45 において，反応前の状態と反応後の状態のポテンシャル曲線が交差している部分に注目しよう．内圏型機構では，配位子によって架橋されると金属イオン間が接近し，電子供与体と電子受容体間の相互作用が大きくなるため，電子移動はしやすくなる．

c.　光誘起電子移動反応

　光を吸収して励起状態となった分子 A と別の種類の分子 B の間で起こる電子移動を光誘起電子移動反応とよぶ．この場合，光吸収の過程なしでは，分子 A と分子 B の間で電子移動は起こらない．光合成では，光エネルギーが化学エネ

ルギーへと変換される．その最初の過程は，光を吸収して励起状態となったマグ
ネシウム錯体クロロフィルからキノンへの光誘起電子移動反応である．太陽電池
では，光エネルギーが電気エネルギーへと変換される．1.1 節で紹介したように，
色素増感太陽電池では，光を吸収して励起状態となったルテニウム錯体から電極
への光誘起電子移動反応が利用されている．このように，金属錯体の光誘起電子
移動反応は重要である．ただし，短寿命である励起状態からの反応ということを
除いては，前節までで説明した分子間電子移動と同様に取り扱える．そのため，
ここでは，励起状態も考慮した理論的な補足のみを説明することとする．

　電子供与体 D が光励起されたのち，電子受容体 A へ電子移動する反応を考え
る．

$$D + A \xrightarrow{h\nu} D^* + A \longrightarrow D^+ + A^- \tag{2.39}$$

この反応の Gibbs 自由エネルギーは，電子供与体の励起状態エネルギー
$E_{0-0}(D^*/D)$ も考慮することで，以下のように表される．

$$\Delta G^{\circ\prime} = -|z|F[E^{\circ}(A/A^-) - E^{\circ}(D^+/D) + E_{0-0}(D^*/D)] \tag{2.40}$$

この際，励起状態のエネルギーは，電子吸収スペクトル，蛍光・りん光スペクト
ルなどから求めることができる．また，電子移動反応速度 k_{et} および活性化自由
エネルギー $\Delta G^{\ddagger}$ は，式 (2.38) の $\Delta G^{\circ\prime}$ に式 (2.40) を用いることで，見積もること
ができる．

3 有機金属化学

　金属原子または金属イオンと配位子から構成される金属錯体のうち，金属と炭素間での結合を少なくとも一つ有している錯体を有機金属錯体とよぶ．現在，有機金属錯体を触媒として利用した数多くの反応が実験室的な規模にとどまらず，工業的な規模でも利用されている．このような触媒反応は，金属錯体による素反応を段階的に組み合わせることにより達成されている．本章では「有機金属化学」に関する基本的な内容である構造的特徴と反応的特徴について概観するとともに，金属錯体による素反応をもとに，触媒反応の反応機構を説明することを最終目標とする．

3.1　有機金属錯体の概要

　上述したように，一般に金属と炭素間での結合を少なくとも一つ有している錯体を有機金属錯体とよぶが，例外もある．一酸化炭素が配位したカルボニル錯体やオレフィン類が配位した錯体は典型的な有機金属錯体である．金属と炭素間に結合を有する錯体であっても，$K_3[Fe(CN)_6]$といったシアニド錯体などは，前章で扱った Werner 型錯体と性質や挙動が似ているので，通常は有機金属錯体として分類されない．一方，アルケン類の水素化反応に対して触媒能を有し，ホスフィンを配位子としてもつ Wilkinson（ウィルキンソン）錯体$[RhCl(PPh_3)_3]$は，金属と炭素間の結合をもたないので，狭義では有機金属錯体ではない．しかし，触媒反応中において，金属と炭素間の結合を有し，高い反応性をもつ有機金属錯体が生成することを考慮すると，有機金属錯体に準じて取り扱う必要がある．Werner 型錯体と有機金属錯体の分類例を図 3.1 に示す．

　1950 年代以降，さまざまな種類の有機金属錯体の合成と，それらを反応試薬や触媒として利用した有機合成化学反応や重合反応の開発が活発に行われ，有機金属化学の分野は飛躍的に発展した．この新しい化学分野は，20 世紀後半の科学技術の発展に大きく貢献している．ここでは，有機金属錯体の歴史について代表的な化合物を例にあげながら年代順に概観する．

　最初の有機金属化合物は，1827 年に発見された Zeise（ツァイゼ）塩である．

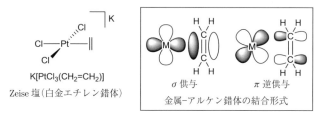

$$[Co(NH_3)_6]Cl_3 \qquad K_3[Fe(CN)_6] \qquad [RhCl(PPh_3)_3] \qquad [Cr(CO)_6]$$

アンモニア錯体	シアニド錯体	ホスフィン錯体	カルボニル錯体
Werner 型錯体	Werner 型錯体に準じて取り扱う	有機金属錯体に準じて取り扱う	有機金属錯体

図 **3.1**　Werner 型錯体と有機金属錯体の分類

$$K[PtCl_3(CH_2=CH_2)]$$

Zeise 塩（白金エチレン錯体）

σ 供与　　π 逆供与

金属‐アルケン錯体の結合形式

図 **3.2**　最初の有機金属化合物である Zeise 塩

Zeise は，塩化白金のカリウム塩（K_2PtCl_4）とエタノールとの反応から，エチレンを含むと考えられる白金エチレン錯体（Zeise 塩）$K[PtCl_3(C_2H_4)]$を単離した（図3.2）．このエチレンが白金に配位した錯体が発表された当時は，金属と炭素とが結合をもつ化合物自体が考えられていなかったことに加え，エチレンと金属間での相互作用を有する安定な化合物の存在などは受け入れがたいものであった．この錯体の構造は，最初の発見から約 140 年経った 1969 年に，X 線結晶構造解析によって明らかとなった．エチレンの π 結合が，白金へ直接配位していることが確認され，純粋に単離された世界最初の有機金属錯体であることが認められた（アルケン錯体については後述 3.1.2 項を参照のこと）．

　1849 年に，Frankland によりジエチル亜鉛化合物[$ZnEt_2$]が報告され，1890 年には，Mond により一酸化炭素のみを配位子に有するニッケルカルボニル錯体[$Ni(CO)_4$]が報告された．さらに 1899 年には，Barbier により，1900 年には Grignard により，有機マグネシウム化合物（Grignard（グリニャール）試薬）の合成とそれらを利用した Grignard 反応（カルボニル化合物への付加による炭素‐炭

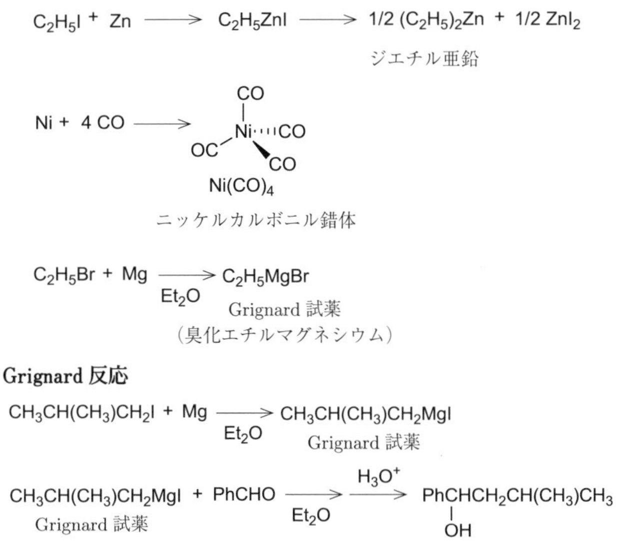

$$C_2H_5I + Zn \longrightarrow C_2H_5ZnI \longrightarrow 1/2\ (C_2H_5)_2Zn + 1/2\ ZnI_2$$

ジエチル亜鉛

Ni + 4 CO $\longrightarrow$

$Ni(CO)_4$

ニッケルカルボニル錯体

$$C_2H_5Br + Mg \xrightarrow{Et_2O} C_2H_5MgBr$$

Grignard 試薬
（臭化エチルマグネシウム）

Grignard 反応

$$CH_3CH(CH_3)CH_2I + Mg \xrightarrow{Et_2O} CH_3CH(CH_3)CH_2MgI$$

Grignard 試薬

$$CH_3CH(CH_3)CH_2MgI + PhCHO \xrightarrow[Et_2O]{H_3O^+} PhCHCH_2CH(CH_3)CH_3$$

Grignard 試薬

OH

図 **3.3** アルキル金属化合物とカルボニル錯体

素結合生成反応）が報告された．これらの有機金属化合物は，有機金属化学分野のみならず，現在でも有機合成化学分野において広く用いられている重要な反応試薬である．簡単な合成法と Grignard 反応の例を図 3.3 に示す．

　有機金属化学分野における次のエポックメイキングな発見は，フェロセン（ferrocene）の合成である．1951 年に Pauson は，シクロペンタジエンと塩化鉄との反応から，空気中で安定な赤橙色固体である鉄化合物を合成した．当初はシクロペンタジエニル基の炭素と鉄との間に σ 結合を有する構造が提案されたが，Wilkinson と Woodward らの研究グループと Fischer らの研究グループは，二つのシクロペンタジエニル基が鉄に π 配位したサンドイッチ型構造であることを

コラム 3

ニッケルカルボニル錯体

猛毒であり，取扱いには細心の注意が必要である．死の液体とよばれる．

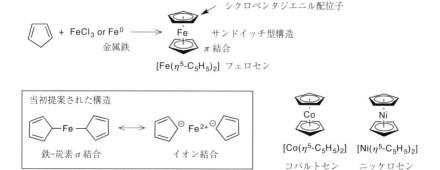

図 **3.4** フェロセンの合成と構造

提案した. のちに，X 線結晶構造解析や核磁気共鳴測定などにより，フェロセンの構造が確認された. 図 3.4 にフェロセンの合成経路と構造を示す（Wilkinson と Fischer はサンドイッチ型構造をもつ有機金属化合物の研究でノーベル化学賞を受賞している）. 二つのシクロペンタジエニル基が他の金属に配位したサンドイッチ型構造として，コバルトに配位したコバルトセンやニッケルに配位したニッケロセンなどが知られている.

　フェロセンの発見と同時期の 1953 年に，Ziegler は，四塩化チタン（$TiCl_4$）とトリエチルアルミニウム（Et_3Al）との組合せが，エチレンの常圧重合反応により高密度ポリエチレンを生成するための非常に良い不均一系触媒となることを見出した（Ziegler（チーグラー）触媒）. 1955 年に Natta は，類似の組合せをプロピレン重合に応用し，その立体規則性重合に成功した. これらは，有機金属化合物がプラスチックに代表される日常化成品の製造に適用できることを示した画期的なものである. 現在では，一連の触媒を総称して Ziegler-Natta（ナッタ）触媒とよんでいる（Ziegler と Natta は，新しい触媒を用いた重合法の発見とその基礎的研究でノーベル化学賞を受賞している）. これらの発見は，1980 年に Kaminsky により報告された，上述したフェロセンに代表されるメタロセンの一種であるチタノセンを均一系触媒として用いるプロピレンの立体規則性重合の開発につながっていく. 図 3.5 に Ziegler 触媒と Kaminsky（カミンスキー）触媒を示す. メタロセン骨格を有する Kaminsky 触媒に代表される金属錯体を触媒として利用した重合反応については後述 3.3.6 項を参照のこと.

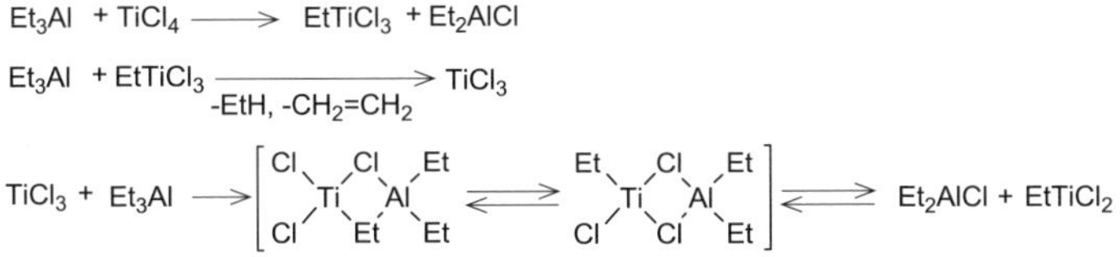
Et3Al + TiCl4 → EtTiCl3 + Et2AlCl
Et3Al + EtTiCl3 → TiCl3
-EtH, -CH2=CH2
TiCl3 + Et3Al
Et2AlCl + EtTiCl2

Ziegler 触媒（四塩化チタンとトリエチルアルミニウムから調製）

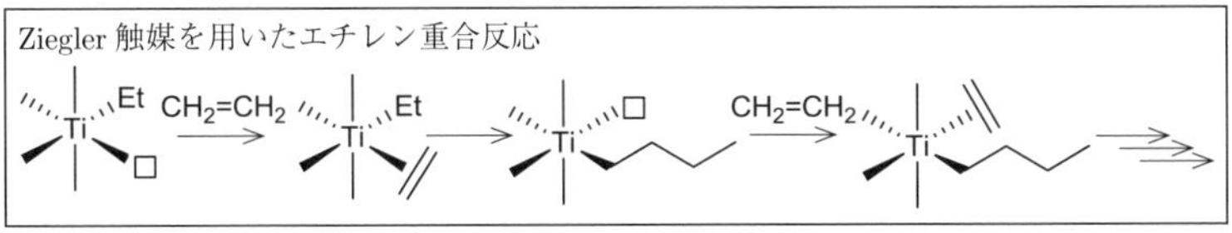
Ziegler 触媒を用いたエチレン重合反応
Et
CH2=CH2
Ti

（a） Ziegler 触媒とその推定生成経路

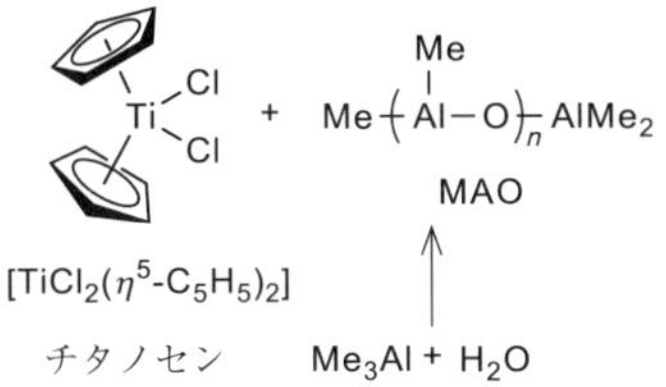
Cl
Ti
Cl
Me
Me AlMe2
MAO
[TiCl2(η5-C5H5)2]
チタノセン
Me3Al + H2O

（b） Kaminsky 触媒

図 **3.5** （a） Ziegler 触媒と（b） Kaminsky 触媒

1960 年代になると，有機金属錯体およびそれを用いた触媒反応に関する研究が大きく発展した．1961 年に Vaska により，イリジウムカルボニル錯体であるいわゆる Vaska（バスカ）錯体［IrCl(CO)$(PPh_3)_2$］が報告された．この錯体は，有機化合物などとの反応によりイリジウムの酸化数が変化した錯体へ変化することが明らかになり，酸化的付加や還元的脱離（後述 3.2.1 項参照）などの新しい概念につながった（図 3.6）．1964 年，フェロセンの構造決定に関与した Fischer は，金属と炭素間に形式的な二重結合を有する有機金属錯体（金属カルベン錯体）を報告した（後述 3.1.2 項参照）．1965 年には，Wilkinson，Bennett，Coffey らが独立に，のちに Wilkinson 錯体とよばれるロジウムホスフィン錯体［RhCl$(PPh_3)_3$］を報告した．類似の構造を有する Vaska 錯体の場合，触媒としてうまく利用することはできなかったが，このロジウム錯体は，アルケンを常温常圧で水素化する触媒能を有することが確認された（図 3.7）．これ以前に利用されていた不均一系固体触媒と比べ，このロジウム錯体を均一系触媒として用いると，反応はすみや

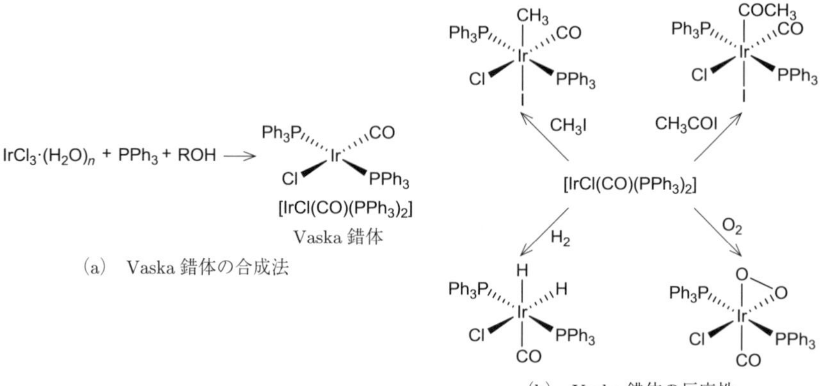

(a)　Vaska 錯体の合成法

(b)　Vaska 錯体の反応性

図 **3.6**　Vaska 錯体の合成法と反応性

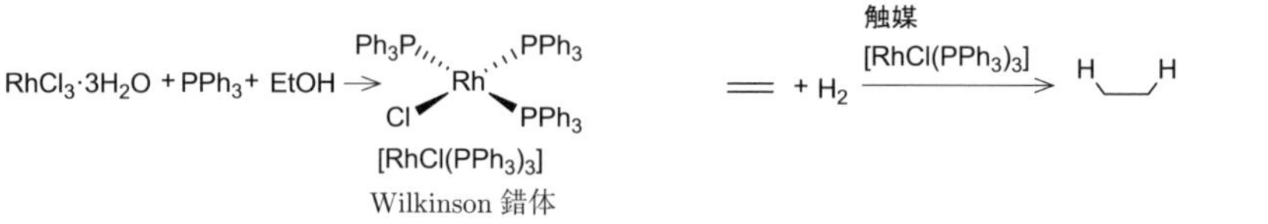

(a)　Wilkinson 錯体の合成法　　　　(b)　Wilkinson 錯体によるアルケンの水素化反応

図 **3.7**　Wilkinson 錯体の合成法と水素化反応

かに進行し，反応性も異なるなどの画期的な特性が見出されている（反応機構を含む詳細については後述 3.3 節を参照）.

　1970 年代になると，工業的に利用される反応を含めて，有機金属錯体を触媒に用いた多種多様な反応が開発された．現代において有機金属錯体の触媒は，不斉合成反応に代表される精密有機合成化学に必要不可欠な手段となっている.

3.1.1　18 電 子 則

　Lewis は，最外殻電子の数が 8 個あると化合物が安定になるというオクテット則（8 電子則）を提案した．18 電子則は，典型元素が従うことが多いオクテット則の拡張として提案された有機金属錯体に関する経験則である．たとえば，安定な

表 3.1　第一遷移金属カルボニル錯体

	第 5 族	第 6 族	第 7 族	第 8 族	第 9 族	第 10 族
単核錯体	$V(CO)_5$	$Cr(CO)_6$		$Fe(CO)_5$		$Ni(CO)_4$
二核錯体			$Mn_2(CO)_{10}$	$Fe_2(CO)_9$	$Co_2(CO)_8$	

　貴ガス Ar の電子配置では，一つの 4s 軌道，三つの 4p 軌道，五つの 3d 軌道の
すべてを電子が占有しており，その電子数は 18($=2+6+10$)となる．18 電子則
では，錯体の中心金属を Lewis(ルイス)酸，配位子を電子供与体である Lewis
塩基とみなし，中心金属のもつ s 軌道，p 軌道，d 軌道の電子数と配位子から供
給される電子数の合計を考える．この電子数の合計が，貴ガスと同様に 18 であ
るとき，一般的に錯体は安定に存在できる．18 電子を有する錯体を配位飽和錯
体，18 電子に満たない電子を有する錯体を配位不飽和錯体とそれぞれよぶ．金
属錯体の反応性を考える際に，配位飽和錯体であるか配位不飽和錯体であるかは
重要である．
　カルボニル配位子のみを有する第一遷移元素の有機金属カルボニル錯体につい
て，18 電子則をもとに考えてみる(表 3.1)．該当するカルボニル錯体はすべて中
性であるので，中心金属はすべて 0 価である．第 6 族のクロムカルボニル錯体
$[Cr(CO)_6]$では，カルボニル配位子の炭素上にある非共有電子対から，2 電子が
クロムへ供給されるので，クロムの 6 電子と合わせて，電子数の合計は $6+2\times$
$6=18$ 電子となる．第 8 族の鉄カルボニル錯体$[Fe(CO)_5]$および第 10 族のニッ
ケルカルボニル錯体$[Ni(CO)_4]$の場合も，電子数の合計はそれぞれ $8+2\times5=18$
電子および $10+2\times4=18$ 電子となり，配位飽和錯体となる．一方，第 7 族のマ
ンガンカルボニル錯体と第 9 族のコバルトカルボニル錯体の場合，中心金属の電
子数が奇数となるため，2 電子を供給するカルボニル配位子がいくつ配位して
も，18 電子則を満たすことはない．そのため，単核錯体としては存在しないが，
二核カルボニル錯体は存在する．
　18 電子則の数え方には，イオン結合モデルと共有結合モデルの 2 種類がある
(図 3.8)．イオン結合モデルでは金属の酸化数がわかりやすく，共有結合モデル
では配位子との結合を理解しやすいなど，それぞれ利点がある．どちらのモデル
でもまったく同じ結果を与えるが，混乱しないように注意を払うべきところであ
る．マンガン錯体$[MeMn(CO)_5]$を例として，イオン結合モデルと共有結合モデ

▼ コラム *4* ―――――

二核カルボニル錯体

　二核カルボニル錯体では，二つの金属間に単結合が存在し，一つの金属には別の金属から1電子が供給されていると考える．そのため，二核マンガンカルボニル錯体[Mn$_2$(CO)$_{10}$]において，一つのマンガン原子では$7+2\times5+1=18$となる．すなわち，奇数の族番号に属するマンガンカルボニル錯体とコバルトカルボニル錯体では，二核化することにより18電子則を満たす錯体を形成している．

ルの電子数を計算してみよう．イオン結合モデルでは，[Mn(CO)$_5$]$^+$とMe$^-$とが結合していると考える．そのため，中心金属であるマンガンはMn(I)である．一方，共有結合モデルでは，[Mn(CO)$_5$]とMeとがそれぞれ1電子を出し合って共有結合を形成していると考える．共有結合モデルでは，中心金属の酸化数をすぐに算出することはできず，別途算出し直す必要がある．それぞれのモデルにおける代表的な配位子の供与電子数を図3.8に示す．18電子則は経験則であり，イオン結合モデルおよび共有結合モデルで算出した中心金属の酸化数は，あくまで形式酸化数であることに注意する必要がある．

　フェロセンおよびWilkinson錯体について，イオン結合モデルにおける電子数の計算方法を説明する（図3.8，図3.9）．中性であるフェロセンでは，二つのシクロペンタジエニルアニオンが，2価の鉄イオンに対して配位している構造をとっていると考える．2価の鉄イオンの3d軌道の電子数は$8-2=6$であり，シクロペンタジエニルアニオンは6電子を供与する配位子であるので，電子数の合計は$(8-2)+6\times2=18$となる．一方，Wilkinson錯体は，塩化物イオンが1価のロジウムイオンに対して配位している．ロジウムイオンの4d軌道の電子数は$9-1=8$であり，ホスフィンは2電子を供与する配位子であるので，電子数の合計は$(9-1)+2+2\times3=16$となる．これは，この錯体が配位不飽和錯体であることを示している．

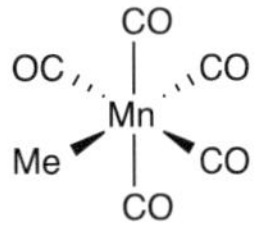

OC$_{\prime\prime\prime}$, $\overset{\displaystyle CO}{\underset{\displaystyle CO}{\underset{|}{Mn}}}$ $_{\prime\prime\prime}$CO

Me $\nwarrow$ $\searrow$ CO

[MnMe(CO)$_5$]

イオン結合モデル	共有結合モデル
d^6　Me$^-$　CO×5	d^7　Me・　CO×5
$(7-1) + 2 + 2 \times 5 = 18$	$7 + 1 + 2 \times 5 = 18$

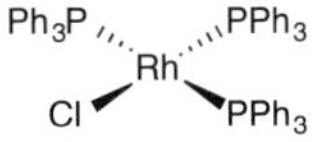

Ph$_3$P$_{\prime\prime}$, $\overset{\displaystyle }{\underset{\displaystyle }{Rh}}$ $_{\prime\prime\prime}$PPh$_3$

Cl $\nwarrow$ $\searrow$ PPh$_3$

RhCl(PPh$_3$)$_3$

d^8　Cl$^-$　PPh$_3$×3	d^9　Cl・　PPh$_3$×3
$(9-1) + 2 + 2 \times 3 = 16$	$9 + 1 + 2 \times 3 = 16$

Fe

[Fe(η^5-C$_5$H$_5$)$_2$]

d^6　Cp$^-$×2	d^8　Cp・×2
$(8-2) + 6 \times 2 = 18$	$8 + 5 \times 2 = 18$

代表的な配位子の供与電子数

配位子	イオン結合モデル	共有結合モデル
R(R = H, Me etc), X(X = Cl etc)	2*	1
CO, PPh$_3$, CH$_2$ = CH$_2$, N$_2$	2	2
η^5-C$_5$H$_5$(Cp)	6*	5

＊この場合の配位子は−1価とする．例えば，R$^-$や Cp$^-$と考える．

図 3.8　イオン結合モデルと共有結合モデル

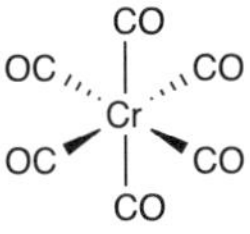

OC$_{\prime\prime\prime}$, $\overset{\displaystyle CO}{\underset{\displaystyle CO}{\underset{|}{Cr}}}$ $_{\prime\prime\prime}$CO

OC $\nwarrow$ $\searrow$ CO

[Cr(CO)$_6$]

d^6　CO×6

$6 + 2 \times 6 = 18$

配位飽和錯体

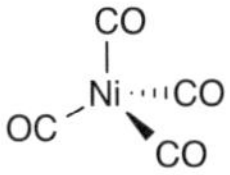

$\overset{\displaystyle CO}{\underset{\displaystyle CO}{\underset{|}{Ni}}}$ $_{\cdots}$CO

OC $\swarrow$

Ni(CO)$_4$

d^{10}　CO×4

$10 + 2 \times 4 = 18$

配位飽和錯体

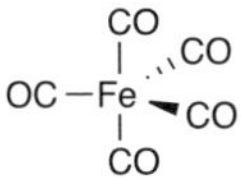

OC$-$$\overset{\displaystyle CO}{\underset{\displaystyle CO}{\underset{|}{Fe}}}$ $_{\prime\prime}$CO

$\nwarrow$ CO

Fe(CO)$_5$

d^8　CO×5

$8 + 2 \times 5 = 18$

配位飽和錯体

OC　CO OC　CO

OC$-$Mn$-$$-Mn-$CO

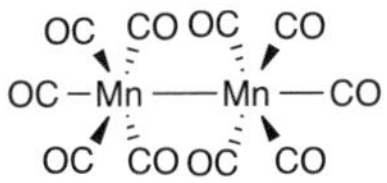

OC　CO OC　CO

Mn$_2$(CO)$_{10}$

d^7　CO×5　M$-$M

$7 + 2 \times 5 \times 1 = 18$

配位飽和錯体

図 3.9　さまざまな遷移金属錯体の 18 電子則

コラム5

フェロセンとコバルトセン

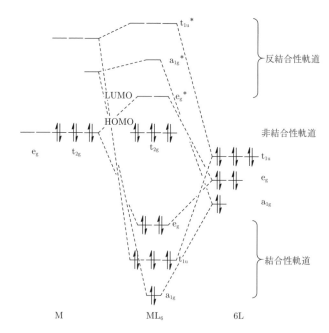

$[Fe(\eta^5\text{-}C_5H_5)_2]^+$　　　d^5　　$Cp^- \times 2$　　$(8-3) + 6 \times 2 = 17$

$[Co(\eta^5\text{-}C_5H_5)_2]$　　　d^7　　$Cp^- \times 2$　　$(9-2) + 6 \times 2 = 19$

　フェロセンの1電子酸化体はフェロセニウムカチオンである．この錯体は1電子を取り込むことで安定な18電子錯体となるので，しばしば1電子酸化剤として利用される．

　一方，コバルトセンは1電子を放出することで安定な18電子錯体となるので，しばしば1電子還元剤として利用される．

図 3.10　d軌道に六つの電子をもつ6配位正八面体型錯体の分子軌道エネルギー準位の概略図

次に，d 軌道に六つの電子をもつ 6 配位正八面体型錯体を例にとって遷移金属錯体の分子軌道の考え方について説明する．対応する錯体の分子軌道のエネルギー準位の概略図を図 3.10 に示す．六つの配位子が有する 12 個の電子で結合性軌道を埋めると，中心金属の d 軌道由来の 6 電子はすべて非結合性軌道に入る．つまり，結合性軌道と非結合性軌道に合わせて 18 電子がすべて収容されることにより，18 電子錯体が安定に存在することを示している（配位子場理論を含む詳細については，前述 2.1.4 項を参照）．

3.1.2　さまざまな有機金属錯体

前項では，有機金属錯体の安定性や反応性を議論する際に必要不可欠な 18 電子則について説明した．本項では，有機金属錯体における特徴的な配位子の結合様式について個別に説明する．

a.　カルボニル錯体

一酸化炭素を配位子にもつカルボニル錯体は，すべての遷移金属錯体について知られている．カルボニル配位子の炭素上にある非結合性軌道から金属の空軌道（s，p の混成軌道もしくは d_σ 軌道）へ電子を供与して結合は生成する（σ 供与，図 3.11(a)）．加えて，中心金属の充填 d_π 軌道からカルボニル配位子の π^* 軌道へ電子が逆供与されるため，より安定な結合を形成する（π 逆供与，図 3.11(b)）．中心金属からカルボニル配位子の π 逆供与が大きい錯体では（これは電子密度ではなくエネルギー差と軌道の重なりの大きさで決まる），CO 間の反結合性軌道へ電子が逆供与されるため，配位しているカルボニル配位子の三重結合性は弱くな

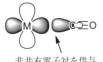

非共有電子対を供与
これだけでは不安定

(a)　σ 供与

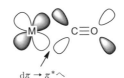

$d\pi \rightarrow \pi^*$ へ
炭素-酸素三重結合性が弱められる
赤外吸収スペクトルの伸縮振動の低波数シフト

(b)　π 逆供与

図 3.11　カルボニル錯体における(a) σ 供与結合と(b) π 逆供与

る．この三重結合性の低下は，赤外吸収スペクトルにおけるカルボニル配位子の伸縮振動の波数に反映される．この伸縮振動の波数を観察すると，一つの金属に配位しているカルボニル配位子と二つの金属に配位しているカルボニル配位子を区別することもできる（図3.12）．

b.　窒素錯体

一酸化炭素と等電子構造を有する窒素分子は，カルボニル配位子と同様に，遷移金属に配位して，窒素錯体が形成される（図3.13）．一酸化炭素とは異なり窒素分子は分極していないので，金属に対する配位能は低く，さまざまな配位形式が知られている．

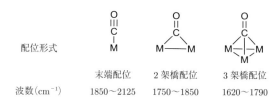

図 **3.12**　カルボニル配位子の配位形式による赤外吸収スペクトルの変化

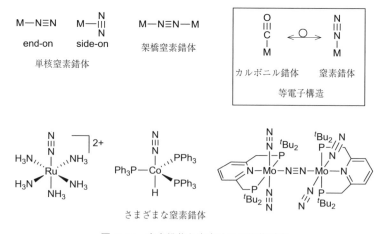

図 **3.13**　窒素錯体と窒素分子の配位形式

c. アルケン錯体，アルキン錯体

Zeise 塩に代表されるアルケン錯体では，アルケン配位子の π 軌道から金属の空軌道(s, p の混成軌道もしくは d_σ 軌道)へ電子が供与されること(σ 供与)，および金属の d_π 軌道からアルケン配位子の π^* 軌道へ電子が逆に供与されること(π 逆供与)により，安定な結合を形成する(図 3.14)．この相互作用の説明は，Dewar-Chatt-Duncanson(デュワー・チャット・ダンカンソン)モデルとよばれる．アルケンからの σ 供与と金属からの π 逆供与によりアルケンの π 結合が弱まるため，配位したアルケン上の炭素-炭素間の結合距離は，配位していないアルケンの距離よりも長くなる．

中心金属の上下に二つのシクロペンタジエニル配位子をもつサンドイッチ型フェロセンに加えて，一つのシクロペンタジエニル基を配位子にもつハーフサンドイッチ型錯体も知られている．これらの錯体はピアノ椅子型錯体ともよばれる．代表的なシクロペンタジエニル錯体を図 3.15 に示す．

アルケン錯体と同様に，アルキンを配位子として有するアルキン錯体も合成されている(図 3.16)．アルキンは直交する二つの π 軌道を有している．そのため，

Dewar-Chatt-Duncanson モデル

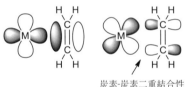

炭素-炭素二重結合性
が弱められる
(単結合性が増す)

　(a)　σ 供与　　　　(b)　π 逆供与

図 **3.14**　アルケン錯体における(a) σ 供与結合と(b) π 逆供与

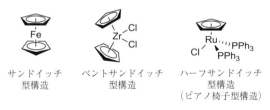

サンドイッチ　　ベントサンドイッチ　　ハーフサンドイッチ
型構造　　　　　　型構造　　　　　　　　型構造
　　　　　　　　　　　　　　　　　　(ピアノ椅子型構造)

図 **3.15**　さまざまなシクロペンタジエニル錯体

R≡R
|
M
単核アルキン錯体

R R
\ /
M

架橋アルキン錯体
R≡R
‖
M—M

図 **3.16** さまざまな配位形式を有するアルキン錯体

これら二つの π 軌道が別々の金属に配位することで，アルキンは架橋配位子としてはたらくことも可能である．

d. アルキル錯体

アルキル錯体において，sp^3 炭素と遷移金属間の σ 結合エネルギーは，Grignard 試薬に代表される sp^3 炭素‒典型金属間の σ 結合エネルギーと同程度であるが，一般に遷移金属アルキル錯体は不安定であるとされてきた．これは遷移金属アルキル錯体がいったん生成しても，他の錯体へ変換される経路が存在するためである．代表的な変換経路として，β 水素脱離反応がある（図 3.17）．金属から二つ目の炭素上の水素である β 水素がある場合には，β 水素が金属と反応して容易に脱離し，アルケンと金属ヒドリド錯体が生成する．通常，アルケンが遊離せずに金属に配位することで，アルケン錯体は生成される．一方，金属から二つ目の炭素上に水素をもたないメチル基‒Me，ベンジル基‒CH_2Ph，ネオペンチル基‒$CH_2\,{}^tBu$ などの場合には，比較的安定に存在できる（図 3.17）．

アルキル錯体が分解する経路としては，β 水素脱離以外にも，α 水素脱離，還元的脱離などがある（後述 3.2 節参照）．

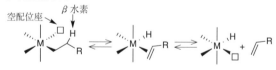

図 **3.17** アルキル錯体の反応性

e.　カルベン錯体

　遊離カルベンは，反応性が高い2価の炭素種である．単独では不安定なカルベンは，金属に配位することにより安定化する（カルベン錯体）．カルベン錯体は，その反応性の違いにより，Schrock（シュロック）型カルベン錯体とFischer型カルベン錯体の大きく2種類に分類できる（図3.18）．

　Schrock型カルベン錯体は，スピン三重項状態のカルベン炭素上に水素や炭素のみが結合しているカルベンが金属に配位した錯体である．多くの場合，中心金属の酸化数が高い前周期遷移金属を用いて合成される．Schrock型カルベン錯体は空気や水に対して不安定であり，カルベン炭素が求電子攻撃を受ける一方，金属は求核攻撃を受ける．一方，Fischer型カルベン錯体は，一重項状態のカルベン炭素上に酸素や窒素などのヘテロ原子が結合しているカルベンが金属に配位した錯体である．Fischer型カルベン錯体のカルベンは，ヘテロ原子の孤立電子対からの電子供与により安定化されており，カルベン炭素は求核攻撃を受ける．

　最近になり，1位と3位に窒素をもつ五員環 N-ヘテロサイクリックカルベン（NHC）が一重項カルベンとして安定に単離されており，さまざまな遷移金属に対して有効な配位子として利用されている（図3.19）．

f.　分子状水素錯体

　1984年に Kubas によって，分子状水素が金属に配位した分子状水素錯体が報告された（図3.20(a)）．この錯体では，水素-水素結合を形成している σ 軌道から金属の空軌道（s, p の混成軌道もしくは d_σ 軌道）へ電子が供与されること（σ 供

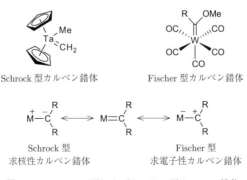

Schrock型カルベン錯体　　　　Fischer型カルベン錯体

Schrock型
求核性カルベン錯体　　　　Fischer型
求電子性カルベン錯体

図 **3.18**　Schrock型および Fischer型カルベン錯体

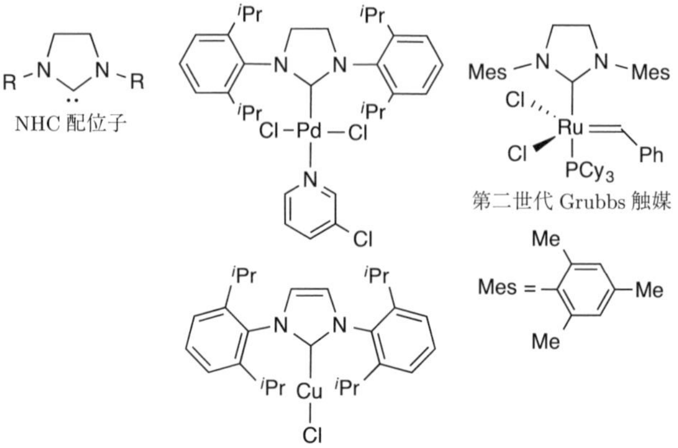

図 **3.19**　代表的な *N*-ヘテロサイクリックカルベン錯体

与)とともに，金属の d$_\pi$ 軌道から分子状水素の σ* 軌道へ電子が逆に供与されること(π 逆供与)で，分子状水素の状態で金属に配位する．金属と分子状水素の相互作用が大きく，σ 供与と π 逆供与が大きい場合，水素-水素間の結合が切断され，ジヒドリド錯体を与える．したがって，分子状水素錯体は，H$_2$ がヒドリド配位子となって金属へ配位(酸化的付加，後述 3.2.1 項参照)する直前の構造を表しているとも考えられる．すべての分子状水素錯体がジヒドリド錯体を与えるわけではない．

　炭素-水素間の σ 電子を金属の空軌道へ供与することで，配位する錯体も知られている．この炭素-水素間の σ 軌道から金属の空軌道(s，p の混成軌道もしくは d$_\sigma$ 軌道)へ電子を供与する相互作用は，アゴスティック相互作用とよばれる(図 3.20(b))．アゴスティック相互作用している場合，金属-水素間の距離が van der Waals(ファンデルワールス)半径の和よりも短いため，炭素-水素結合が金属へ酸化的付加する直前の構造を表しているとも考えられる．炭素-水素結合の代わりにケイ素-水素結合やホウ素-水素結合の σ 電子を用いて配位した錯体なども報告されている．

g.　リン配位子を有する錯体

　3 価のリン化合物において，リン上にアルキル基やアリール基を有するホスフィンやアルコキシ基を有するホスファイトは，有機金属錯体の配位子として広

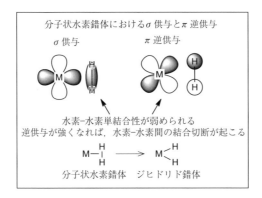

（a）　分子状水素錯体

（b）　アゴスティック相互作用

図 **3.20**　（a）分子状水素錯体と（b）アゴスティック相互作用

く利用されている．ホスフィン配位子やホスファイト配位子は，有機金属錯体の安定性や反応性などに大きな影響を与えることが知られている．実際，さまざまな触媒反応を促進する有効な金属錯体における有効な配位子として種々のホスフィン配位子が利用されている．

　これらの金属錯体では，リン原子上の非結合性軌道から中心金属の空軌道(s, p の混成軌道もしくは d_σ 軌道)に電子が供与される(σ 供与)と同時に，金属上の d_π 軌道から配位子(正確には，リン上の P—X 結合の σ^* 軌道)へ電子が逆に供与される(π 逆供与，図 3.21)．一般に，ホスフィン配位子は金属への電子供与能が高い配位子としてはたらく．リン配位子の電子供与能は，リン上の置換基の種類に依存しており，アルキルホスフィン＞アリールホスフィン＞ホスファイトの順

金属からリン上の σ^* 軌道への逆供与

図 3.21　ホスフィン錯体における金属からリンへの逆供与

となっている．リン配位子の嵩高さについても考察が行われており，嵩高い配位子を有する場合には，他の反応剤や配位子の接近が妨げられるために，配位不飽和錯体が比較的安定となる．

コラム6

Tolman 円錐角 θ

Tolman は，リン配位子がニッケルに配位した状態でのリン配位子の嵩高さについて定量化することに成功した．ニッケルカルボニル錯体 [Ni(CO)$_4$] におけるホスフィンなどのリン配位子との配位子置換反応では，カルボニル配位子がリン配位子に置換された錯体が生成される．Tolman（トールマン）円錐角 θ（図 3.22）が小さいほど，より多くのカルボニル配位子が置換され，θ が大きくなると，配位子の嵩高さのため置換数は少なくなる．置換された数と θ との間では良好な直線関係が観測される．これらの結果は，立体的に嵩高いリン配位子が配位した錯体では置換反応がより進行しやすくなっていることを示している．

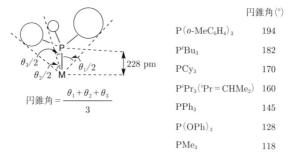

	円錐角(°)
P(o-MeC$_6$H$_4$)$_3$	194
P^{t}Bu$_3$	182
PCy$_3$	170
P^{i}Pr$_3$(^{i}Pr = CHMe$_2$)	160
PPh$_3$	145
P(OPh)$_3$	128
PMe$_3$	118

円錐角 $= \dfrac{\theta_1 + \theta_2 + \theta_3}{3}$

図 3.22　ホスフィン配位子の円錐角の算出方法と代表的な円錐角

3.2　有機金属錯体の反応

　前節では遷移金属錯体の基本的な反応である配位子置換反応や電子移動反応（酸化還元反応）について説明してきた．本節では有機金属錯体の代表的で特有な反応について説明する．

3.2.1　酸化的付加反応と還元的脱離反応

　酸化的付加反応では，A—B の結合を有する化合物の結合開裂に伴い生成する A と B が金属に付加する（図 3.23(a)）．この反応では，中心金属の形式酸化数が 2 増加し，中心金属の d 電子数と錯体の配位数もそれぞれ変化する．そのため，酸化的付加反応を受ける錯体の金属は，対応可能な s 軌道，p 軌道，d 軌道の電子数と配位数を備えている必要がある．

　平面 4 配位の 16 電子錯体である Vaska 錯体（配位不飽和錯体，前述 3.1 節参照）に対して，さまざまな化合物が酸化的付加反応する（図 3.23(b)）．水素分子との反応では，分子状水素錯体の中間体を経由してジヒドリド錯体が生成する．一方，ヨウ化メチルや塩化アセチルとの反応では，新たな二つの配位子がトランス位に付加した錯体が生成する．酸化的付加反応に伴って，中心金属であるイリジウムの酸化数は Ir（Ⅰ）から Ir（Ⅲ）へ増加している．図 3.23(b)にあげた例以外にも，従来は不活性とされていた結合開裂に伴う酸化的付加反応が近年報告されている．たとえば，ベンゼンなどの sp^2 炭素と水素の結合，アルカンなどの sp^3 炭素と水素の結合，および sp^3 炭素どうしの結合においても酸化的付加反応が進行することが知られている（図 3.23(c)）．図 3.23(c)の例では，空配位座を有する配位不飽和錯体は，配位飽和錯体を光照射することで合成できる．

　還元的脱離反応は，酸化的付加反応の逆反応である．還元的脱離反応では，一部の酸化的付加反応の場合と共通の 3 中心遷移状態を経由して進行する．この協奏的な還元的脱離反応が進行する際には，脱離する二つの配位子どうしがシス位にいる必要があり，トランス位どうしの配位子では還元的脱離は起こらない（図 3.24）．これは，軌道間の相互作用がシス位の配位子どうしで優勢であるためである．実際に，平面 4 配位 18 電子錯体であるジメチルパラジウム錯体の還元的脱離反応においては，トランス体の還元的脱離反応は進行しないのに対し，シス体の還元的脱離反応は容易に進行し，エタンと 0 価パラジウム錯体が生成する．

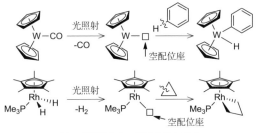

(a) 酸化的付加反応と還元的脱離反応

・酸化的付加反応では，
中心金属の酸化数が2増加する.
・還元的脱離反応では，
中心金属の酸化数が2減少する.

(b) Vaska 錯体に対する酸化的付加反応

(c) 不活性結合の酸化的付加反応

図 3.23 酸化的付加反応

　酸化的付加とそれにつづく還元的脱離が連続的に起こる場合には，σ結合メタセシスとよばれる協奏的な結合生成と開裂過程を経由する反応経路が提案されている（図3.25）．この場合，中心金属における酸化数の変化は起こらないので，酸化的付加反応を起こすのに十分な数の電子をもたない錯体においても反応が進行する.

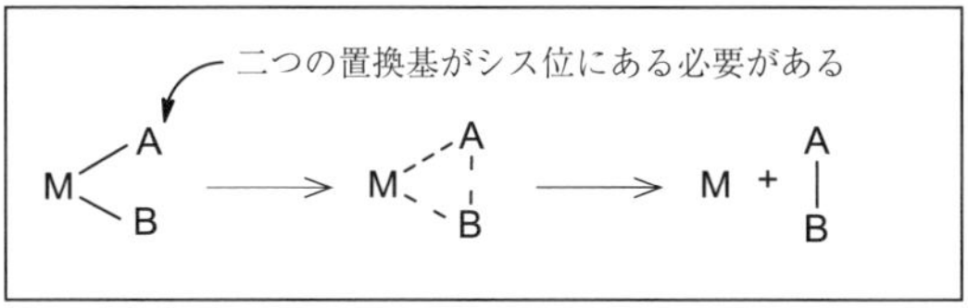

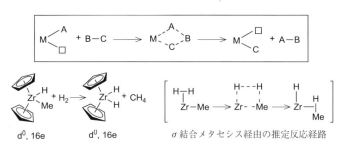

二つの置換基がシス位にある必要がある

協奏的還元的脱離反応の反応経路

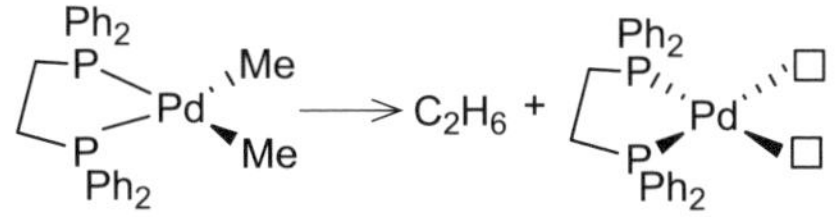

シス錯体
Pd^{II}錯体

Pd^{0}錯体
シス錯体からは
還元的脱離反応が進行

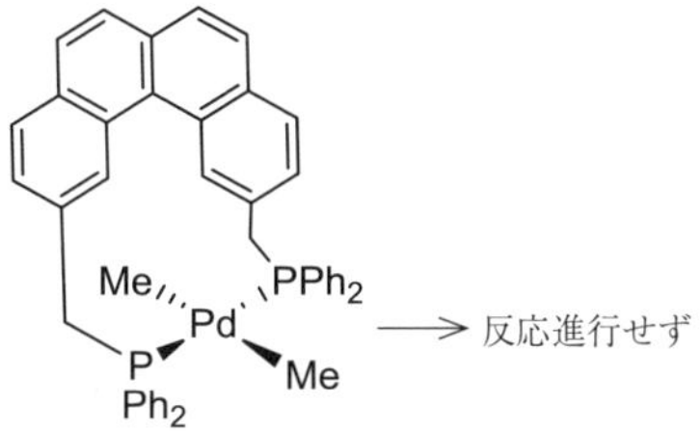

トランス錯体
Pd^{II}錯体

反応進行せず

トランス錯体からは
還元的脱離反応が
進行しない

図 3.24　還元的脱離反応
シス錯体とトランス錯体の還元的脱離反応に対する反応性の差異

d^0, 16e　　d^0, 16e　　σ結合メタセシス経由の推定反応経路

図 3.25　σ結合メタセシス反応

3.2.2 挿入反応と脱離反応

　金属–炭素結合にアルケン，アルキン，一酸化炭素などの不飽和分子が挿入される反応を，挿入反応という（図 3.26(a)）．見方を変えると，金属–炭素結合が不飽和分子に付加する反応とも考えられる．挿入反応では，酸化的付加反応や還元的脱離反応とは異なり，中心金属の酸化数の変化は起こらない．

　カルボニル錯体上で起こるカルボニル挿入反応では，カルボニル配位子はもとの配位座にとどまって動かず，メチル基などの有機配位子が，金属上からカルボニル配位子の炭素上へ移動している．多くの場合，カルボニル配位子の挿入反応は可逆的に進行する．カルボニル基を標識することで，メチル基が移動し，カルボニルが挿入される反応機構の妥当性が示されている．

　金属ヒドリド錯体へのアルケンの挿入反応では，アルケンは，金属に配位したのち，金属–水素結合へ挿入される．多くの場合，アルケンの挿入反応は可逆的に進行する．逆反応は β 水素脱離反応とよばれる（図 3.26(b)）．挿入反応後に空配位座が生成する．β 水素脱離反応を含む脱離反応の場合には，金属上に空配位座が少なくとも一つ必要である．

　配位飽和錯体のタングステンアルキル錯体を光照射することにより，一つのカ

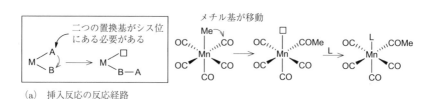

（a）挿入反応の反応経路

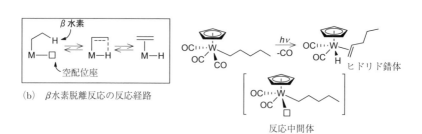

（b）β 水素脱離反応の反応経路

図 3.26　(a) 挿入反応と(b) 脱離反応

ルボニル配位子が脱離し，空配位座を有する配位不飽和錯体が生成する．つづいてβ水素脱離反応が進行し，アルケンとヒドリドが配位した錯体が生成する．

3.3 有機金属錯体を触媒とする反応

　触媒が存在すると，触媒が存在しないときに比べてより低い活性化エネルギーをもつ新しい反応経路をつくり出すため，穏やかな反応条件(より低い温度など)で反応が進行する．自然界では，酵素が触媒の役割を果たしている．実験室での反応だけでなく，工業プロセスにおいてもさまざまな種類の触媒が開発されており，これらはきわめて重要な役割を果たしている．不均一系触媒(液相に溶解せずに反応を促進する固体触媒)なども開発され工業的にも利用されているが，ここでは有機金属錯体が触媒としてはたらく均一系触媒(液相に均一に溶解して反応を促進する触媒)について最初にふれる．前節までに有機金属錯体特有の反応を説明してきた．これら素反応を巧妙に組み合わせて触媒サイクルを構築できる均一系触媒反応には，より穏和な条件下で反応が進行することや，配位子の修飾により反応性が制御可能であることなどの多くの利点がある．そのため，1980年代以降に，均一系触媒を利用した多くの工業プロセスが開発された．とくに，光学活性配位子を有する触媒は，医薬品や香料などの不斉合成において実用化されている．本節では代表的な触媒反応について抜粋して説明する．

3.3.1　水素化反応

　アルケンやアルキンに含まれる炭素-炭素不飽和結合の水素化反応は，有用な有機合成反応の一つであり，工業的なプロセスの開発も行われている．Wilkinson錯体[RhCl(PPh$_3$)$_3$](前述 3.1 節参照)を用いたアルケンの水素化反応の反応機構を図 3.27 に示す．[RhCl(PPh$_3$)$_3$]は配位不飽和錯体であるが，触媒活性種は一つのトリフェニルホスフィン PPh$_3$ が脱離した[RhCl(PPh$_3$)$_2$]と考えられている．この不飽和錯体に対して水素分子が酸化的付加し，対応するジヒドリド錯体が生成する．つづいてアルケンが配位したのち，ロジウム-水素結合へのアルケン挿入反応を経由して，対応するアルキル錯体が生成する．還元的脱離によるアルカン生成に伴い，触媒活性種[RhCl(PPh$_3$)$_2$]が再生することで，触媒サイクルが進行する．

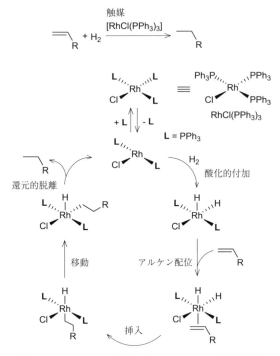

図 3.27 Wilkinson 錯体によるアルケンの水素化反応

　この水素化反応は，さまざまな置換基を有するアルケンに対して適用可能であるが，その反応性は置換基の種類に依存する．この反応性の違いは，アルケンの金属への配位しやすさが，置換基の嵩高さに依存することに起因している．たとえば，4 置換アルケンを反応基質として用いた場合，水素化反応は進行しない．ロジウムの同族元素であるイリジウムを有する Crabtree（クラブトリー）錯体を触媒として用いた場合には，4 置換アルケンの水素化反応もすみやかに進行することが知られている（図 3.28）．

　光学活性ホスフィンを配位子として有するロジウム錯体を用いた場合には，不斉水素化反応が可能となる．さまざまな光学活性ホスフィン配位子を有する錯体について，N-アセチルデヒドロアミノ酸が光学活性アミノ酸となる不斉水素化反応が検討されてきた（図 3.29）．とくに，化学会社である Monsanto 社では，Knowles らが開発に成功した光学活性ジホスフィンを用いた不斉水素化反応に

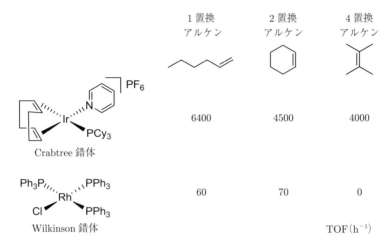

	1置換 アルケン	2置換 アルケン	4置換 アルケン
Crabtree 錯体	6400	4500	4000
Wilkinson 錯体	60	70	0
			TOF(h^{-1})

TOF(turnover frequency)は触媒回転頻度であり，この場合には1時間あたりの触媒回転数を示す．触媒回転数は，触媒1モルあたり反応基質何モルが生成物に変換されたかを示す．触媒回転数は TON(turnover number)と省略される．

図 **3.28** Crabtree 錯体による多置換アルケンの水素化反応(0℃)

コラム 7

Crabtree 錯体

　4置換アルケンは，Wilkinson 錯体では水素化されず，Crabtree 錯体を用いると容易に水素化される．この反応性の大きな差異は，Crabtree 錯体を用いたときには，アルケンがよりすみやかに配位することで水素化反応がすみやかに進行することが，その理由の一つである．

より，Parkinson(パーキンソン)病治療薬 L-DOPA の原料を合成することに成功している．野依らによって開発された BINAP は，代表的な光学活性ジホスフィンの一つであり，不斉水素化だけでなく，さまざまな不斉合成反応における触媒の配位子として有効であることが明らかになっている(図 3.29)．

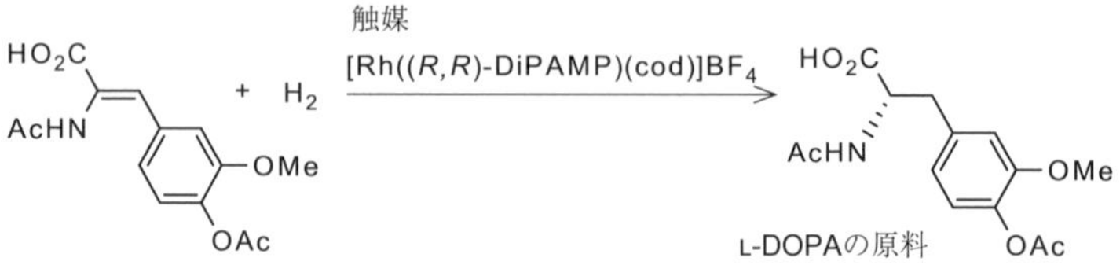

ロジウム触媒を用いた不斉水素化反応による L-DOPA 原料合成

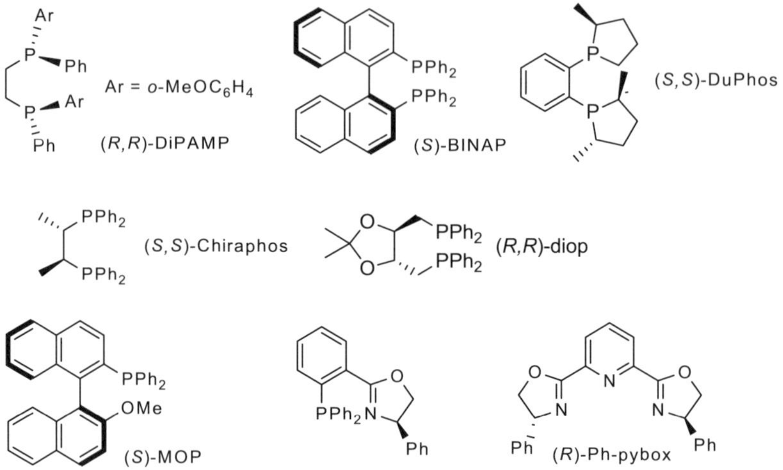

さまざまな光学活性配位子

ルテニウム触媒を用いた不斉水素化反応

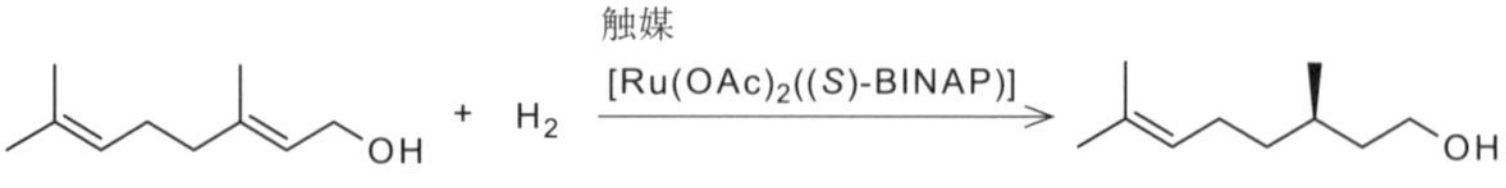

ルテニウム触媒を用いたアリルアルコールの不斉水素化反応

図 3.29 エナンチオ選択的な水素化反応によるアルケンの水素化反応

コラム 8

不斉水素化反応

　上述した Crabtree 錯体と光学活性配位子とを組み合わせた触媒は，さまざまなアルケンの不斉水素化反応において，有効にはたらくことが明らかとなっている．とくにイリジウム触媒は，ロジウム触媒では達成できなかった，多置換アルケンの不斉水素化反応にも有効である．一方，光学活性 BINAP 配位子を有するルテニウム錯体を触媒に用いた場合，不斉水素化反応に適用できる基質の範囲は広く，アルケンに加えて，アリルアルコール，1,3-ジケトン，β-ケトエステルなどのさまざまな基質に対してもきわめて高いエナンチオ選択性が達成されている．近年では，アセトフェノンに代表される単純なケトンやイミン類の不斉水素化反応も開発されており，高い光学純度をもつ光学活性アルコールやアミンが合成されている．Knowles と野依は，不斉水素化反応に関する先駆的な研究成果により，2001 年にノーベル化学賞を受賞している．

3.3.2　ヒドロホルミル化反応

　一酸化炭素と水素の混合ガスである合成ガスとアルケンからアルデヒドを合成する反応では，アルケンに水素原子(ヒドロ)とホルミル基が導入されるため，ヒドロホルミル化反応とよばれる．この反応の工業プロセスは確立されており，オキソ法ともよばれる．開発初期にはコバルトカルボニル錯体 $[Co_2(CO)_8]$ が用いられてきたが，反応条件などが過酷であった．その後改良が加えられ，ホスフィン配位子を有するロジウム錯体が有効な触媒として用いられている．アルケンのヒドロホルミル化反応の反応機構を図 3.30 に示す．ヒドリドロジウム錯体にアルケンが配位し，つづく挿入によりアルキル錯体が生じる．CO の配位および挿入により，対応するアシル錯体が生成する．この配位不飽和なアシル錯体に対して，水素分子が酸化的付加する．つづく還元的脱離により，アルデヒドが生成し，ヒドリド錯体が再生する．

　ここで，生成するアルデヒドは，直鎖型と分岐型の2種類の異性体の混合物である．ビスホスファイト配位子を有するロジウム錯体は，実用性が高い直鎖型アルデヒドを高収率および高選択的に与えることができる触媒であることが明らかにされており，三菱化学により工業化されている(図 3.31)．

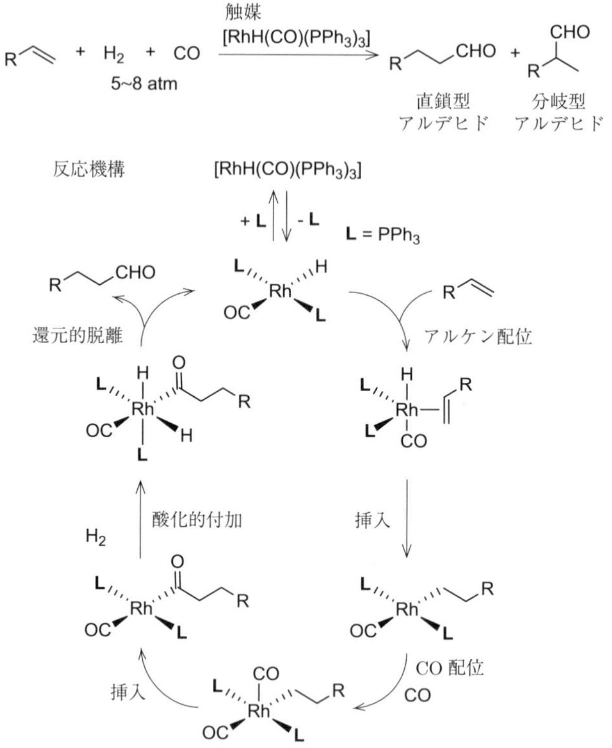

図 3.30　ロジウム触媒を用いたヒドロホルミル化反応

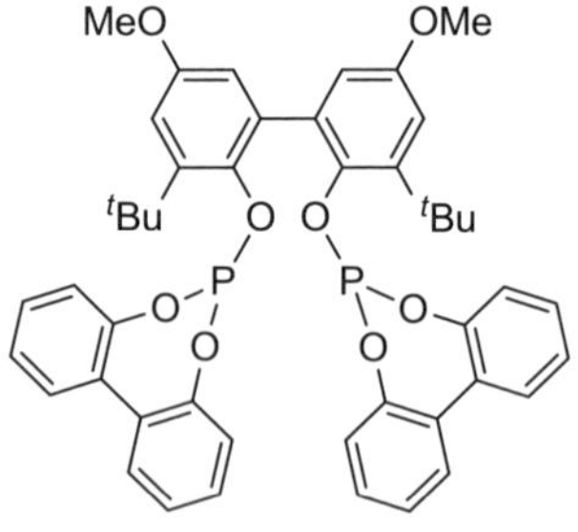

直鎖型アルデヒドを高選択性に与える

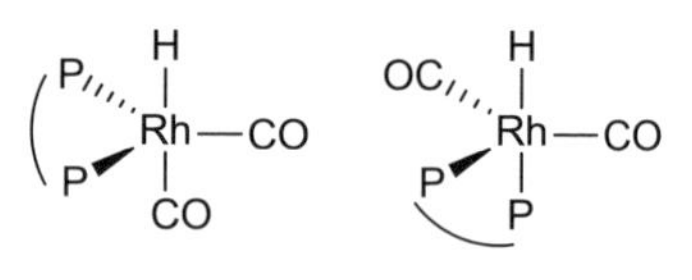

より高活性を示す構造

反応中間体

二座配位子 L−L のバイトアングルとは，
右図の L−M−L がなす挟み角である．

バイトアングル

図 3.31　ヒドロホルミル化反応における有効なビスホスファイト配位子

コラム 9

ビスホスファイト配位子

　配位挟角（バイトアングル）の大きな二座配位子を有する錯体の場合には，二座配位子がエクアトリアル位を占め，この構造が触媒活性をより高くすることが実験および理論化学から予測された．これらの知見を踏まえて，ビスホスファイト配位子は開発された．立体的に嵩高い環境にあるホスファイトは安定で分解されにくいことも高活性を示す要因となっている．

3.3.3　Monsanto 法による酢酸合成

　ロジウム錯体を用いて，メタノールと一酸化炭素とから酢酸を合成する反応の工業プロセスは，開発した Monsanto 社の名前にちなんで Monsanto（モンサント）法とよばれる（図 3.32）．Monsanto 法の開発以前には，Hoechst-Wacker（ヘキスト・ワッカー）法でエチレンから合成されるアルデヒドの空気酸化により，酢酸は合成されていた．Monsanto 法は，原油に由来するエチレンではなく，C_1 資源に由来するメタノールを原料とすることができるだけでなく，経済的にも有利である．Monsanto 法の反応機構を図 3.32 に示す．この方法では，触媒量のヨ

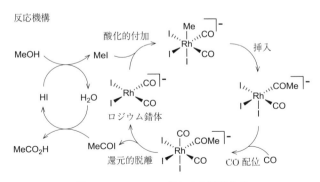

図 **3.32**　Monsanto 法による酢酸合成

$$\text{MeOH} + \text{CO} \xrightarrow[\text{HI}]{\overset{\text{触媒}}{\text{Ir}}} \text{MeCO}_2\text{H}$$

反応機構

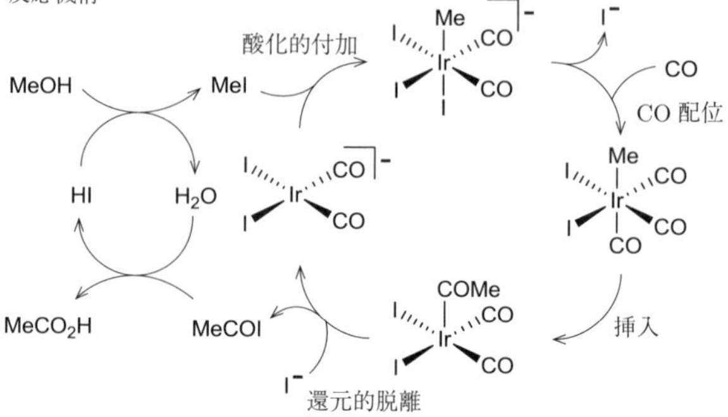

図 3.33 Cativa 法による酢酸合成

ウ化水素を添加し，メタノールからヨウ化メチルを系中で生成させる．ロジウム錯体に対するヨウ化メチルの酸化的付加が起こり，次に，メチル基がカルボニル配位子に対して移動挿入する．つづく一酸化炭素の配位後に，アシル基とヨード配位子が還元的脱離することにより，ヨウ化アセチルが生成されると，ロジウム錯体も再生される．ヨウ化アセチルの加水分解により酢酸が生じるとともに，ヨウ化水素も再生される．

1990 年代になり，上記の酢酸合成において，ロジウム錯体の代わりにイリジウム錯体を用いる Cativa（カティバ）法が開発された．Cativa 法の反応機構を図 3.33 に示す．反応機構はロジウム錯体を用いた反応系と同様であるが，イリジウム錯体のより高い触媒活性を用いて，効率的な反応系が開発されている．

�────────────────────────
コラム *10*

Cativa 法

ルテニウム錯体を促進剤として組み合わせることで，5 倍程度の触媒活性の向上が達成されている．イリジウム錯体はロジウム錯体よりも水中で安定であり，溶解性も高いことや，一般的にイリジウムはロジウムよりも安価であることも重要である．

3.3.4 クロスカップリング反応

炭素求電子剤である有機ハロゲン化物と，炭素求核剤としてはたらくGrignard 試薬などの有機金属化合物との炭素–炭素結合生成反応を，クロスカップリング反応とよぶ．第 10 族に属するニッケルやパラジウム錯体などが，触媒として有効にはたらくことが知られている．ブロモベンゼン PhBr と Grignard試薬 ^{n}BuMgBr とのクロスカップリング反応(熊田・玉尾カップリング反応)の反応機構を図 3.34 に示す．触媒前駆体[NiCl$_2$(PPh$_3$)$_2$]が反応系中で還元されて，触媒活性を有する[Ni(PPh$_3$)$_2$]が生成する．有機ハロゲン化物がこのニッケル錯体に対して酸化的付加し，つづいて Grignard 試薬とのトランスメタル化反応が進行する．最後に還元的脱離を経由して生成物ブチルベンゼン Ph – ^{n}Br が生成され，もとのニッケル錯体も再生される．

ニッケル錯体を触媒として用いる上記クロスカップリング反応が報告されて以降，パラジウムを触媒として用い，有機リチウム，有機ホウ素，有機亜鉛，有機

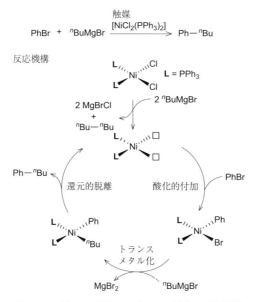

図 3.34 熊田・玉尾カップリング反応の反応機構

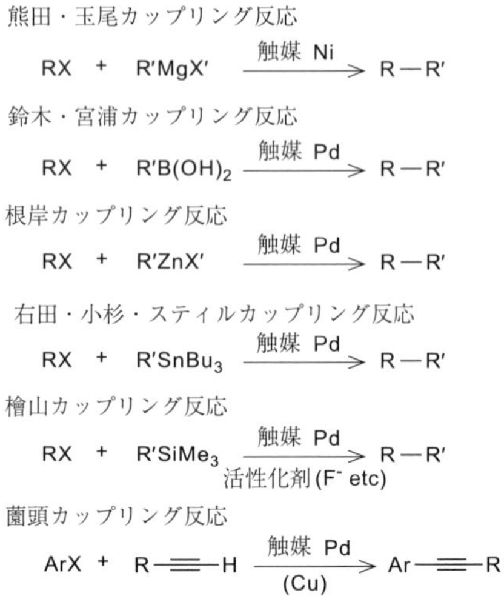

熊田・玉尾カップリング反応

$$RX \ + \ R'MgX' \xrightarrow{\text{触媒 Ni}} R-R'$$

鈴木・宮浦カップリング反応

$$RX \ + \ R'B(OH)_2 \xrightarrow{\text{触媒 Pd}} R-R'$$

根岸カップリング反応

$$RX \ + \ R'ZnX' \xrightarrow{\text{触媒 Pd}} R-R'$$

右田・小杉・スティルカップリング反応

$$RX \ + \ R'SnBu_3 \xrightarrow{\text{触媒 Pd}} R-R'$$

檜山カップリング反応

$$RX \ + \ R'SiMe_3 \xrightarrow[\text{活性化剤 (F}^- \text{ etc)}]{\text{触媒 Pd}} R-R'$$

薗頭カップリング反応

$$ArX \ + \ R-\!\!\equiv\!\!-H \xrightarrow[\text{(Cu)}]{\text{触媒 Pd}} Ar-\!\!\equiv\!\!-R$$

図 **3.35**　クロスカップリング反応

スズ，有機ケイ素などの有機金属化合物を Grignard 試薬の代わりに用いるクロスカップリング反応が開発されている（図 3.35）．ホスフィン配位子を改良することで，それまでに適用できなかった有機塩素化合物も反応基質として利用可能となっている．さらに，有機金属化合物の代わりに末端アセチレン，アミン，アルコールなどの有機化合物も適用可能となり，カップリング反応は新たな有機合成化学手法として幅広く利用されている．

コラム *11*

クロスカップリング反応

　金属錯体を触媒に用いたクロスカップリング反応の開発においては，日本人研究者の貢献は大きい．図 3.35 にあげた代表的なクロスカップリング反応の反応例に関しても，日本人の人名を冠した反応が多い．鈴木と根岸はパラジウム触媒を用いたクロスカップリング反応に関する研究成果で 2010 年にノーベル化学賞を受賞している．

3.3.5 メタセシス反応

　炭素-炭素多重結合を含むアルケンやアルキン間における炭素-炭素多重結合の組換えを，メタセシス反応とよぶ．アルケン間でのメタセシス反応は，1950年代にすでに見出されていたが，反応制御の困難さや低い官能基耐用性などから有機合成反応に利用することは困難であった．ある種の Schrock 型カルベン錯体（図 3.18）がアルケンメタセシス反応の触媒として有効にはたらく実験事実に基づいて，Chauvin らにより反応機構が提案されている（図 3.38）．

　最近では，官能基耐用性が高く，空気や水に安定であり，再利用可能なルテニウム-カルベン（Grubbs（グラブズ）カルベン）錯体や，アルケンの立体選択性を制御できるモリブデン-カルベン（Schrock 型カルベン）錯体などが開発されている（図 3.39）．閉環メタセシス反応や，2種類の異なるアルケン間でのクロスアルケンメタセシス反応は，天然物シガトキシンの全合成などの精密有機合成に有用である．また，環状アルケンの開環メタセシス重合によるポリマー合成法も開発されている．代表的な例を図 3.40 に示す．

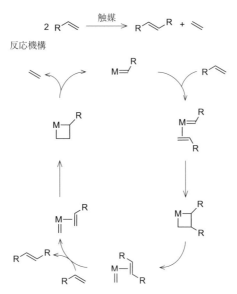

図 **3.38**　アルケンメタセシスの反応機構

コラム *12*

ホスフィン配位子 X-Phos

　X-Phos（図 3.36）に代表される電子豊富で嵩高いジアルキルジアリールホスフィンを配位子として有するパラジウム錯体が，種々のカップリング反応にきわめて有効な触媒として開発された．きわめて高い活性を与えるこのパラジウム錯体は，創薬化学，天然物合成，高分子合成および新材料開発の分野で幅広く利用されている．ここで，ビアリール骨格は，反応中間体の安定化に有効であるとされている．ホスフィン上に導入されたジアルキル置換基は，パラジウム上の電子密度を上げて，カップリング反応の初期段階である酸化的付加を促進し，その嵩高さは，触媒反応の最終段階である還元的脱離を促進するとされている．鈴木・宮浦カップリング反応の具体例を図 3.37 にあげた．鈴木・宮浦カップリング反応では，化学量論量の塩基の添加が必須である．

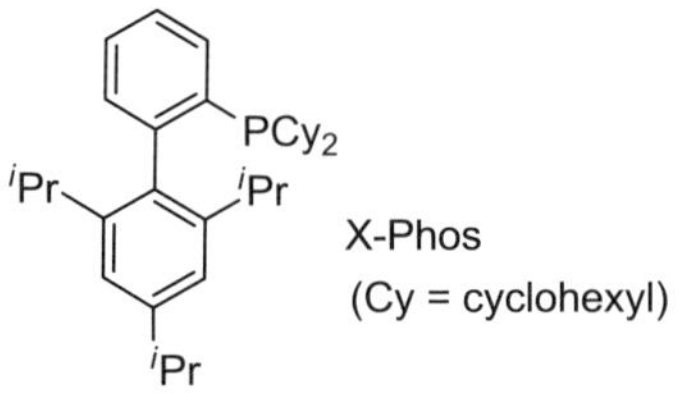

図 **3.36**　クロスカップリング反応における有効なホスフィン配位子

コラム *13*

メタセシス反応

　メタセシス反応の反応機構を提案した Chauvin，およびメタセシス反応を開発した Grubbs と Schrock は，メタセシス反応に関する研究成果で 2005 年ノーベル化学賞を受賞している．

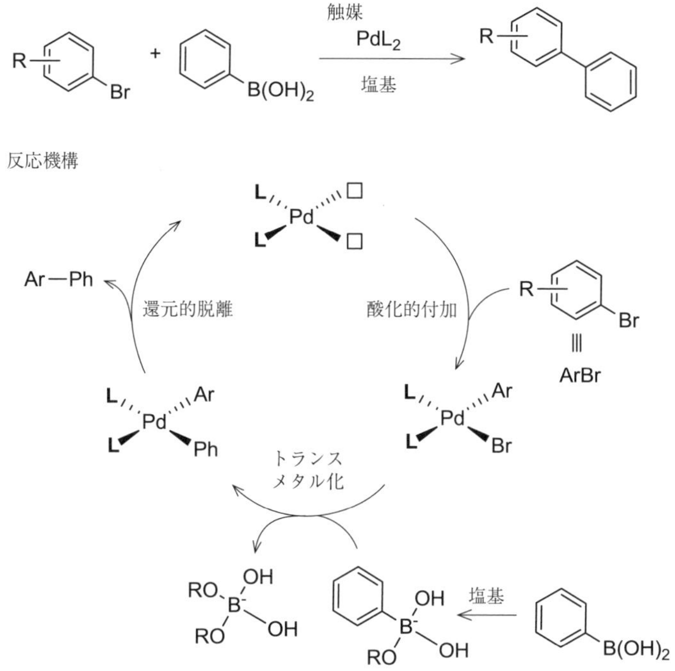

X-Phos を配位子として用いると，酸化的付加の段階と還元的脱離
の段階がすみやかに進行する．

図 **3.37**　鈴木・宮浦カップリング反応の反応機構

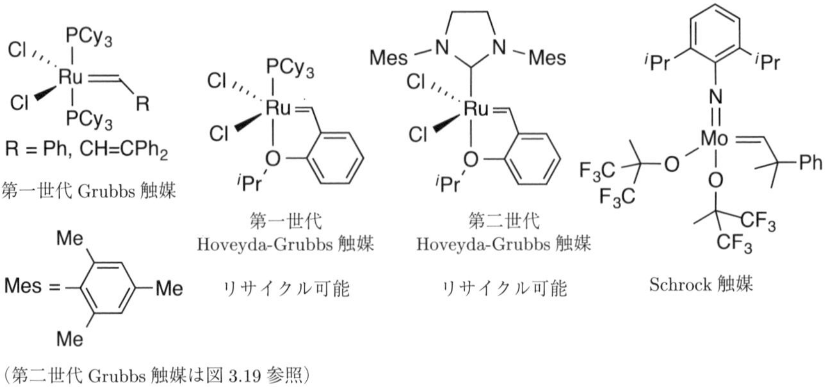
R = Ph, CH=CPh2
第一世代 Grubbs 触媒
第一世代
Hoveyda-Grubbs 触媒
リサイクル可能
第二世代
Hoveyda-Grubbs 触媒
リサイクル可能
Schrock 触媒
(第二世代 Grubbs 触媒は図 3.19 参照)

図 3.39　代表的なメタセシス触媒

閉環メタセシス反応を用いた全合成

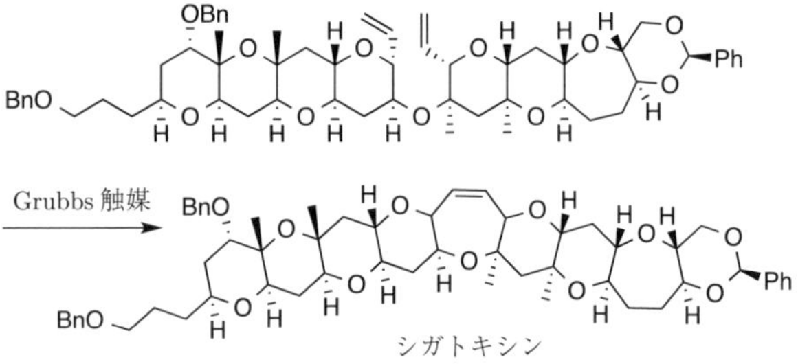
Grubbs 触媒
シガトキシン

2001 年に平間らは 13 個の連結したエーテル環構造を効率的に合成する方法を確立し，以後の天然物合成における可能性を広げた．

開環メタセシス重合

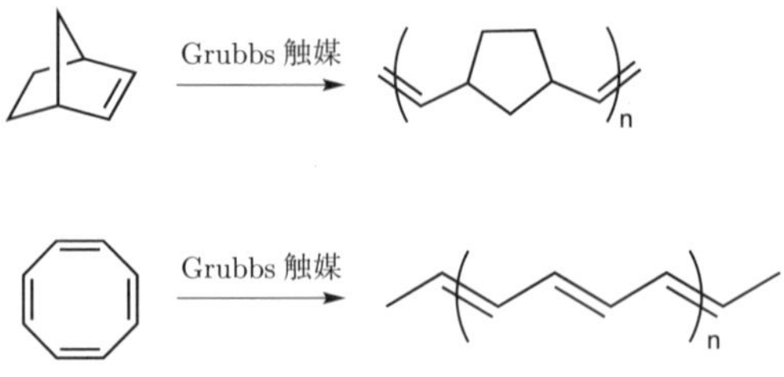
Grubbs 触媒
Grubbs 触媒

図 3.40　メタセシス反応の応用例

コラム *14*

Grubbs 触媒

　第一世代の Grubbs 触媒に対して，第二世代の Grubbs 触媒（図 3.19 参照）では，NHC（*N*-ヘテロサイクリックカルベン．前述 3.1.2 項 e 参照）配位子を導入することによって触媒活性が飛躍的に向上している．この第二世代 Grubbs 触媒は，空気や水に対してきわめて安定であり，使用しやすい利点を有している．配位子をさらに改良することで，触媒の回収再利用を可能としたのが Hoveyda（ホベイダ）-Grubbs 触媒である．Schrock 型カルベン触媒に代表されるモリブデン-カルベン錯体は，アルケンよりもアルコールなどの官能基に対する反応性が高いため，反応を行う際には，溶媒の精製が必要であるなど，取扱いに注意が必要であるが，立体的に嵩高いアルケンに対してもメタセシス反応が行えるなど，ルテニウム-カルベン錯体にはみられない特徴も有する．

コラム *15*

メタセシス反応の応用例

　メタセシス反応を利用すると従来の既存法では合成がきわめて困難であった化合物が容易に合成可能となる．メタセシス反応で進行する図 3.41 の反応では，どのような生成物が得られるか考えてみよう．

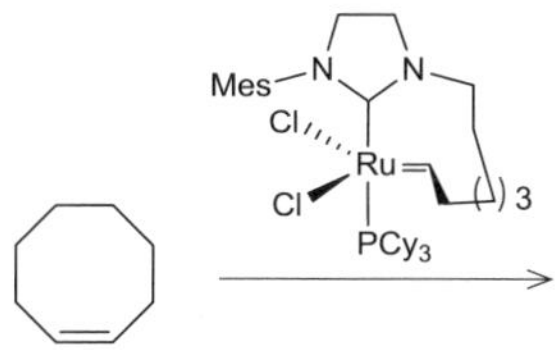

図 3.41 メタセシス反応の応用例

3.3.6 アルケン重合

　環境に優しく加工性にも優れているポリエチレンやポリプロピレンなどは，自動車，電化製品，容器，包装などのさまざまな材料に利用されており，その用途は現在でも広がっている．これらは，エチレンやプロピレンなどのアルケンの重合反応により合成される．四塩化または三塩化チタンとトリエチルアルミニウムやメチルアルモキサンといった有機アルミニウムを混合して調製できる Ziegler-Natta 触媒は，この重合に有効な触媒であることが見出されている（図 3.5(a)）．この不均一系で進行する重合反応は，従来の高温高圧重合とは異なり，常温常圧で進行するため，枝分かれの少ないポリマーが合成される．想定されているエチレンの重合反応の反応機構は図 3.5 を参照のこと．エチル基を配位子として有するチタン錯体上において，エチレンの配位とアルキル基の挿入反応がすみやかに進行する．これが繰り返し起こることでメチレン鎖は成長をつづけ，平均分子量が数万から数十万のポリエチレンが生成される．

　Ziegler-Natta 触媒は非常に有効な重合触媒であるが，これをもとに，さらに有効な触媒も開発されている．二つのシクロペンタジエニル配位子とチタンやジルコニウムを有するメタロセン錯体である．これらは，Kaminsky 錯体とよばれ（図 3.5(b)），プロピレンの立体規則重合に有効な触媒であることが明らかにされている（図 3.42）．さらに高活性なポストメタロセン触媒として，第 4 族元素（チタン，ジルコニウム，ハフニウム）とフェノキシイミン配位子を有する錯体が三井化学によって開発され，実用化されている（図 3.43）．

> #### コラム 16
>
> #### 効果的な配位子の調整
>
> 　フェノキシイミン配位子を有するジルコニウム錯体は，Kaminsky が発見した最初のメタロセン錯体 Cp_2ZrCl_2 の約 20 倍の触媒活性を示す（図 3.43）．フェノキシイミン配位子がアルケン重合にきわめて有効である理由は，シス 2 座配位の立体構造であることに起因すると考えられている．このフェノキシイミン骨格にさらに嵩高い置換基を導入した場合，触媒活性がさらに 10 倍程度高くなることが報告されている．このように効果的な配位子の調整などにより触媒活性が大きく向上することは，金属錯体を触媒として利用する反応系でしばしばみられる現象である．

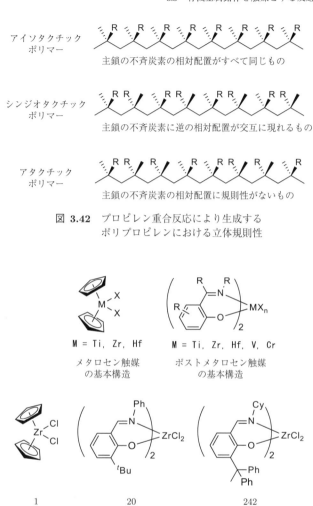

アイソタクチック
ポリマー

主鎖の不斉炭素の相対配置がすべて同じもの

シンジオタクチック
ポリマー

主鎖の不斉炭素に逆の相対配置が交互に現れるもの

アタクチック
ポリマー

主鎖の不斉炭素の相対配置に規則性がないもの

図 **3.42**　プロピレン重合反応により生成する
ポリプロピレンにおける立体規則性

M = Ti, Zr, Hf

メタロセン触媒
の基本構造

M = Ti, Zr, Hf, V, Cr

ポストメタロセン触媒
の基本構造

1　　　　　　　20　　　　　　242

エチレン重合におけるおおまかな触媒活性の比較
（ジルコノセンの活性を1としたときの相対値）

図 **3.43**　ポストメタロセン触媒

4 生物無機化学

　人体を構成する分子の大部分は水で，これ以外に，タンパク質10〜15%，核酸2〜7%，糖質と脂質がそれぞれ2〜3%含まれる．そのため，これらの構成元素である炭素(18%)，酸素(65%)，水素(10%)，窒素(3%)が，人体の主要元素となっている．体を支持し堅さを保つ骨の約70%は，リン酸カルシウムの一種であるヒドロキシアパタイト($Ca_5(PO_4)_3(OH)$)からできており，これらの構成元素であるカルシウム(2%)，リン(1.1%)は，人体の準主要元素となっている．また，体液中でイオンとなり浸透圧や神経の活動電位を発生させるナトリウム(0.15%)，カリウム(0.35%)，カルシウム，塩素(0.15%)，マグネシウム(0.05%)も準主要元素である．

　このように，無機イオンや無機化合物は生体内で重要な役割を果たしているが，微量元素である鉄(0.004%)，銅(0.00015%)は，カリウムの1/100程度以下であるにもかかわらず，金属錯体を形成することで，生体内における必要不可欠な機能を果たしている．そこで本章では，生体内ではたらく金属錯体を中心に，その機能を紹介する．

4.1　ヘムタンパク質

4.1.1　ヘモグロビンとミオグロビン

　ヘムタンパク質は，鉄錯体ヘムとポリペプチドから構成されている金属タンパク質であり，典型的な例としてヘモグロビン，ミオグロビン，シトクロムなどがあげられる．酸素分子を用いた生体内の化学エネルギー，アデノシン三リン酸(ATP)の生産の観点から，これらヘムタンパク質の重要な役割を説明する．

　化学エネルギー ATP は，酸素分子を用いた細胞呼吸により生産される．脊椎動物および無脊椎動物においては，外呼吸によって肺などに取り込まれた酸素分子は，血液中の赤血球に見出されるヘモグロビンの鉄錯体ヘムを介して，各組織へ輸送される．また，筋肉中では，ミオグロビンの鉄錯体ヘムが酸素分子を貯蔵している．

　ミオグロビンは，ポリペプチドと一つの鉄錯体ヘムから構成される．一方ヘモグロビンは，ミオグロビン類似構造単位の四量体であると考えることができ，$\alpha_2\beta_2$四量体と表現される．どちらの鉄錯体ヘムにおいても，血中酸素分圧が高いときには，酸素分子がヘムの鉄に配位し，分圧が低いときに酸素を放出する．ヘモグロビンは，酸素分圧が高い肺から，酸素分圧が低い末梢組織へ酸素分子を運搬する．またミオグロビンは，酸素分圧が高いときには酸素分子を貯蔵し，酸素分圧が低いときに酸素分子を放出する．ここで，ミオグロビンの酸素分子への安定度定数は，ヘモグロビンより高いので，血中のヘモグロビンから酸素分子を受け取り貯蔵することができる．ヘモグロビンの場合，酸素分子の取込みと放出は協同的である．すなわち，最初の酸素分子との結合は弱いが，この結合による構造変化が他のサブユニットにも伝わり，他のサブユニットでは，酸素分子が容易に結合することとなる．

　しかし，ヘム鉄の Fe イオン周りの構造は，ヘモグロビンとミオグロビン間で類似性が高い．プロトヘムは，メチル基，ビニル基，プロピオキシル基の置換基を有する鉄ポルフィリン錯体である（図 4.1）．この際，ポルフィリン配位子は π 電子共役系であるため，ほぼ平面の構造をとっている．錯体の形成は，二つのピロールの H^+ が脱離して四つのピロール N 原子が Fe^{2+} イオンへ配位することで進行する．ヘモグロビン・ミオグロビンでは，ポリペプチドのヒスチジン残基が5番目の配位子としてポルフィリン面外軸方向から配位しており（これを軸配位子とよぶ），これにより，Fe^{2+} イオンの電子構造は調節される．ヒスチジン残基が配位することで，Fe イオンはポルフィリン平面よりも 0.4 Å 程度浮き上がった構造をとることとなり，配位子場が弱くなり，高スピン状態となる．一方，酸素分子は，6番目の配位子としてヒスチジン残基の反対側から配位する．酸素分子の配位構造については，さまざまな構造が提案されてきた歴史的経緯はあるが，現在では，図 4.1 のような end-on 型の配位構造をとることが明らかとなっている．酸素分子が配位することで，配位子場が強くなり，低スピン状態になる．この際，イオン半径が小さくなった Fe^{2+} イオンは，ポルフィリン環の面内に移動する．すなわち，この特異な酸素分子脱着の際には，錯体の配位構造の変化およびスピン状態の変化を伴っており，ヘモグロビンの場合，この構造変化は，他のサブユニットにおける酸素分子との結合のしやすさに影響を与える．

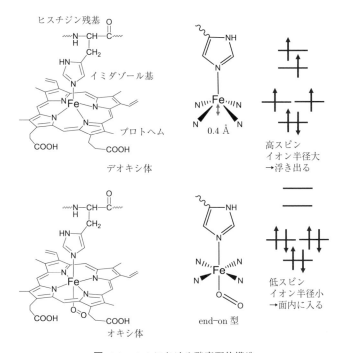

図 **4.1**　ヘムにおける酸素配位構造

4.1.2　電子伝達系

　代謝においては，細胞質基質で行われる解糖系，ミトコンドリア内におけるクエン酸回路，水素伝達系に大きく分けられるが，化学エネルギーである ATP の多くが生産されるのは，細胞内ミトコンドリアにおける電子伝達系である（図4.2）.

　この電子伝達系をもう少し詳しく説明しよう．電子伝達系における ATP 生産は，三つのプロセスに分割される．

① NADH から 2 電子と H^+ が放出される（NADH→NAD^+＋H^+＋$2e^-$）．電子は，NADH→FMN→CoQ→Cyt$b$→Cytc_1→Cyt$c$→aa$_3$（Cyt$_3$ オキシダーゼ）→O_2 へと伝達され，還元された酸素は H_2O に変換される（$2H^+$＋$1/2O_2$＋$2e^-$→H_2O）．これらを電子伝達系とよぶ（図4.3）．NADH の電子放出と O_2 の

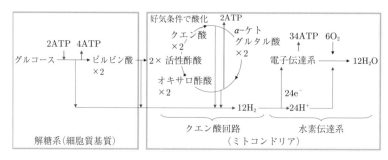

図 4.2 生体内における代謝

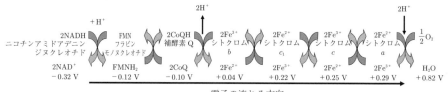

図 4.3 電子伝達系の酸化還元反応

H_2O への還元を組み合わせると，酸素は電子の受取場としてはたらき，反応は以下のように表される．

$$\text{NADH} + \text{H}^+ + \frac{1}{2}\text{O}_2 \longrightarrow \text{NAD}^+ + \text{H}_2\text{O}$$

この際，NADH と O_2 の電位差(1.14 V *vs* NHE)から Gibbs(ギブズ)自由エネルギーは，220 kJ/mol と算出することができる．ただし，NADH と O_2 を溶液中で混合しても，目的の ATP を合成することはできず，重要なことは，電子伝達系を介して電子を伝達する際に，ミトコンドリア内膜を介して，内膜より内側のマトリックス N から内膜-外膜間の膜間スペース P へ H^+ が移動することである(図 4.4)．

② 濃度勾配は化学ポテンシャルを与え，電荷を有するイオンの濃度勾配は電気化学ポテンシャルを与える．マトリックス N から内膜-外膜間の膜間スペース P へ H^+ が移動するということは，NADH と O_2 間の反応で放出される Gibbs 自由エネルギー(220 kJ/mol)を電気化学ポテンシャルへ蓄えること

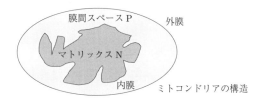

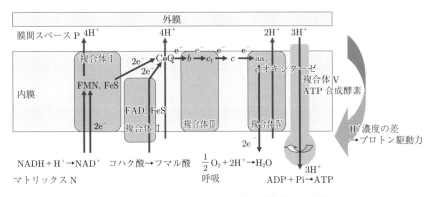

図 4.4　ミトコンドリアにおける酸化的リン酸化

にほかならない．この際蓄えられる電気化学ポテンシャルをとくにプロトン
駆動力とよぶ．

③ プロトン駆動力を利用し，ATP 合成酵素が ADP を ATP に変換する．す
　なわち，電子伝達系における電気化学エネルギーを利用して，化学エネル
　ギー ATP は生成される．

　この電子伝達系においては，電子供与体から Fe^{3+} シトクロム錯体へ電子を渡
すことで Fe^{2+} シトクロム錯体となり，Fe^{2+} シトクロム錯体からつづく電子受容
体へ電子を渡すことで，Fe^{3+} シトクロム錯体へ戻る．この際，シトクロムの酸
化還元電位は，電子供与体よりも酸化されづらく（還元されやすい），電子受容体
よりも酸化されやすい（還元されづらい）電位である必要がある．これを多段階で
行うためには，有意かつ段階的に酸化還元電位を変化させる必要がある．シトク
ロムでは，ポルフィリンへの置換基の変化，軸配位子が変化することで Fe イオ
ンの酸化還元電位を変化させている．

4.2　さまざまな金属タンパク質

a.　酸素運搬を行う金属タンパク質

　脊椎動物および無脊椎動物における酸素分子を運搬する金属錯体は，ヘモグロビンの鉄錯体ヘムである．ヘムは，配位子のポルフィリンが π-π^* 遷移により赤色を示すため，血液も赤色を示す．一方，節足動物や軟体動物のような多くの生物では，ヘモシアニンという銅二核錯体が酸素運搬体として機能している．また，ある種の海洋虫では，ヘムエリトリンという鉄二核錯体が酸素分子を運搬する（図4.5）．

b.　ビタミン B_{12} 補酵素

　ビタミン B_{12} 補酵素は，5′-デオキシアデノシル基のメチレン基の炭素がコバルトと σ 結合を形成している（図4.6）．すなわち，ビタミン B_{12} 補酵素は，生体内で Co—C 結合を有している有機金属錯体である．ビタミン B_{12} 補酵素は，Co—C 結合の均等開裂をもとに，1,2 転移を経由する異性化反応を触媒する．有機金属錯体化学が，生体内でもはたらいているよい例である．このビタミン B_{12}

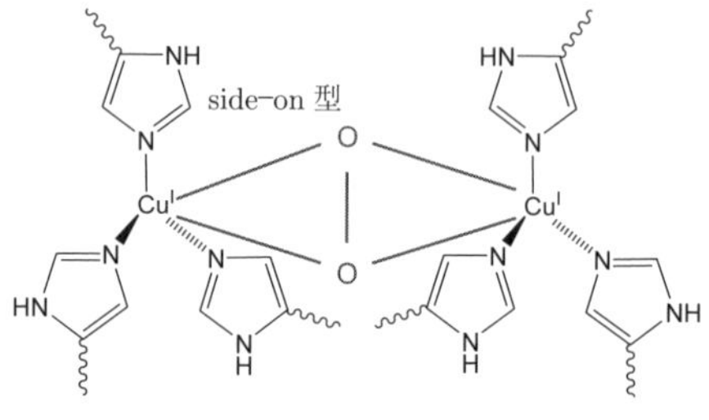

(a)　ヘモシアニン

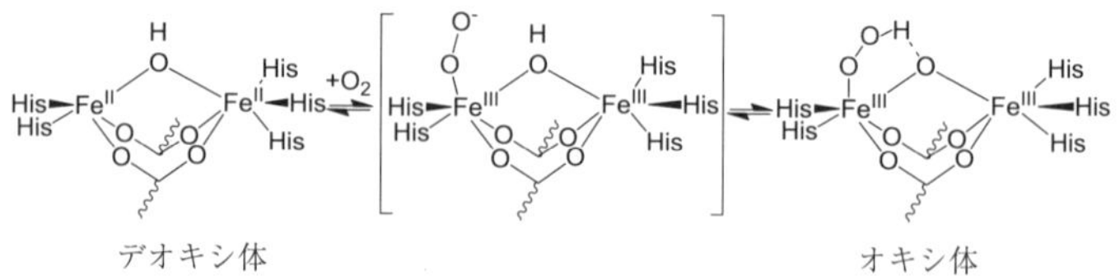

(b)　ヘムエリトリン

図 4.5　酸素運搬体(a) ヘモシアニンと(b) ヘムエリトリン

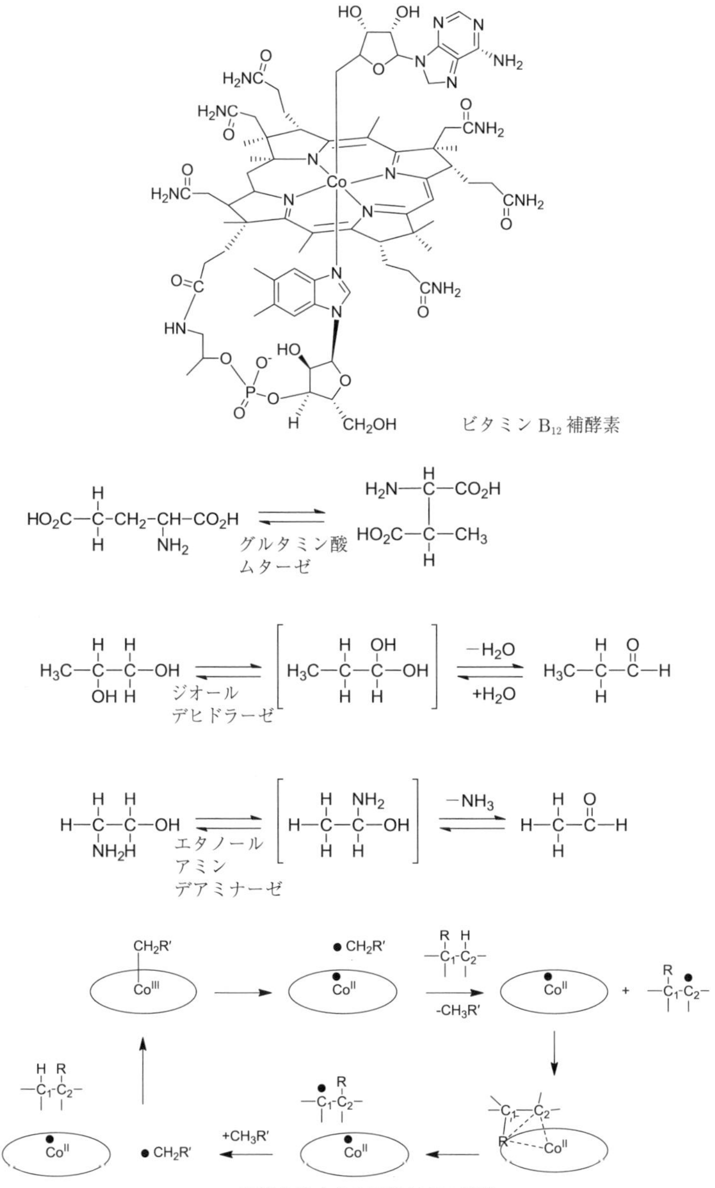

ビタミン B$_{12}$ 補酵素

$$HO_2C-\overset{H}{\underset{H}{C}}-CH_2-CH-CO_2H \rightleftharpoons \underset{\text{グルタミン酸}\atop\text{ムターゼ}}{} H_2N-\overset{H}{\underset{|}{C}}-CO_2H$$

グルタミン酸
ムターゼ

$$H_3C-\overset{H}{\underset{OH}{C}}-\overset{H}{\underset{H}{C}}-OH \underset{\text{ジオール}\atop\text{デヒドラーゼ}}{\rightleftharpoons} \left[H_3C-\overset{H}{\underset{H}{C}}-\overset{OH}{\underset{H}{C}}-OH \right] \underset{+H_2O}{\overset{-H_2O}{\rightleftharpoons}} H_3C-\overset{H}{\underset{H}{C}}-\overset{O}{C}-H$$

ジオール
デヒドラーゼ

$$H-\overset{H}{\underset{NH_2}{C}}-\overset{H}{\underset{H}{C}}-OH \underset{\text{エタノール}\atop\text{アミン}\atop\text{デアミナーゼ}}{\rightleftharpoons} \left[H-\overset{H}{\underset{H}{C}}-\overset{NH_2}{\underset{H}{C}}-OH \right] \overset{-NH_3}{\rightleftharpoons} H-\overset{H}{C}-\overset{O}{C}-H$$

エタノール
アミン
デアミナーゼ

1,2 転移を経由する異性反応の機構
C-H, C-C 結合の開裂と生成

図 4.6 ビタミン B$_{12}$ 補酵素の構造と反応

補酵素は，次のような過程で見つかっている．悪性貧血症には大量のレバーにより症状が改善されることが見出され，これはのちに，$C_{61\sim64}H_{84\sim90}N_{14}O_{13\sim14}PCo$ が有効成分であることがわかった．このコバルト錯体はビタミン B_{12} と命名された．ビタミン B_{12} 補酵素の 5′-デオキシアデノシル基のメチレン基の炭素の代わりに，単離操作の際に CN^- が人工的に入ったものがビタミン B_{12} として単離され，X 線構造解析がなされた．そのため，ビタミン B_{12} をシアノコバラミンともよぶ．

c. ニトロゲナーゼ

空気中の窒素分子は，アンモニア分子に変換されて窒素肥料となる．これは，われわれの体を構成するタンパク質のもととなるアミノ酸へ変換される．そのため，空気中の窒素分子をアンモニアに変換する反応は重要である．Haber-Bosch（ハーバー・ボッシュ）法による工業的アンモニア合成が達成される以前は，窒素肥料は，生物学的な合成に依存していた．ニトロゲナーゼは窒素固定を行う細菌がもっている酵素であり，大気中の窒素をアンモニアに変換する反応を触媒する（図 4.7）．

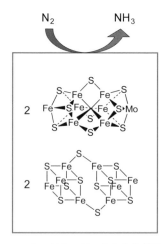

図 4.7　ニトロゲナーゼによる空中窒素の固定

4.3 光 合 成

　光合成生物は，太陽光を吸収し，二酸化炭素を炭水化物に還元する炭素固定化
を行うとともに，光エネルギーを化学エネルギーに変換している（図4.8，4.9）.
光合成によって光エネルギーから化学エネルギーに変換される量は，毎年およそ
10^{18} kJ，炭素固定量は毎年1000億トンという膨大な量である.

　明反応では，① ADP→ATP の光リン酸化，② NADPH 合成，③ 水の酸化
による酸素分子生成が行われる. 光化学系Ⅱ（PS Ⅱ）では，P680 の光励起により
フィオフィチンへの電子移動反応が起こり，この電子はキノンなどを介して，シ
トクロム b_6/f 複合体へ電子を伝達する. この際，P680 の酸化体は，Mn クラス
ターが H_2O から抜き取った電子を受け取ることで，もとの状態に戻る. また，
H_2O は酸化されて，酸素分子となる. シトクロム b_6/f 複合体では，鉄錯体であ
るシトクロムや鉄硫黄のクラスターなどが媒介して，青色銅錯体とよばれるプラ
ストシアニンへ電子を伝達する. 光化学系Ⅰ（PS Ⅰ）では，P700 の光励起により
クロロフィル a への電子移動反応が起こり，この電子はフェレドキシンへ電子を
伝達し，結果として $NADP^+$ が NADPH へ還元される. この際，P700 の酸化体
は，プラストシアニンから電子を受け取ることでもとの状態に戻る. これらの電
子伝達の際には，ミトコンドリアにおける電子伝達系と同様に，H^+ 濃度勾配を
生じる. ATP 合成酵素がこの濃度勾配を利用し，ADP をリン酸化し，化学エネ

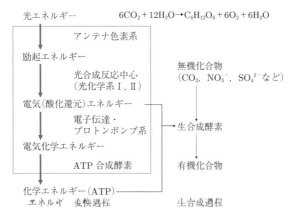

図 **4.8**　光合成におけるエネルギー変換

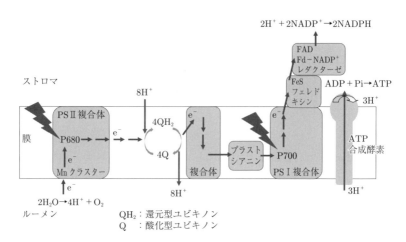

図 **4.9**　光合成光酸化過程（明反応）

ルギー ATP を生成する.

この明反応でつくられた ATP と NADPH を利用し，暗反応 Calvin（カルビン）サイクルで二酸化酸素が糖に取り込まれていくこととなる.

このような光合成の初期過程は，光誘起電子移動反応となっている. この反応を効率良く起こすためには，① 太陽光エネルギーを効率良く吸収すること，②光励起エネルギーを効率良く電子移動反応に変換することなどが重要である. 太陽光エネルギーを効率良く利用するために，クロロフィルの大部分はアンテナクロロフィルとして機能し，集光性複合体を形成している. この集光性複合体においては，クロロフィル間を励起エネルギーが高速で移動しており，結果としてエネルギーの低い反応中心にエネルギー移動することになる（図 4.10）. 光合成細菌では，反応中心には特別ペアとよばれるクロロフィル二量体が形成されている（図 4.11）. クロロフィルは二量体を形成することで，励起エネルギーを低エネルギー化することができる. また，二量化することにより酸化されやすくなり，電子供与体としても有効となる. すなわち，大部分のクロロフィルはアンテナクロロフィルとしてはたらき，エネルギーの低いクロロフィル二量体へ励起エネルギーが移動する. その後，電子供与体として優れたクロロフィル二量体からフェオフィチン，キノンへと段階的に電子を移動していくことで，光エネルギーは化学エネルギーへと変換されていくこととなる. なお，段階的に電子移動していく

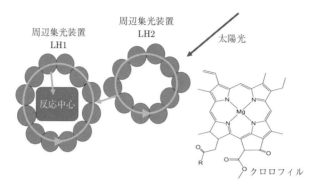

図 **4.10**　クロロフィルの分子構造と光合成における周辺集光装置

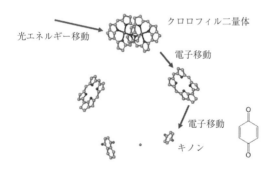

図 **4.11**　光合成における光捕集機能と光合成反応中心における電子移動
J. Deisenhofer, *et al.*, *Nature* **1985**, *318*, 618 を元に作成.

ことにより，逆電子移動は妨げられていることになる.

4.4　金属錯体を用いたさまざまな治療

a.　抗がん剤

　cis-[Pt(NH₃)₂Cl₂]は，シスプラチンとよばれる世界で最も使用量が多い抗がん剤である. この白金錯体は，血漿中では Cl 体だが，細胞内では Cl が H₂O に置換されたアクア錯体になっていると考えられている. シスプラチンの化学療法作用に関する根本的な原理は，Pt²⁺ と DNA 間の安定な錯形成にある. 生体内に

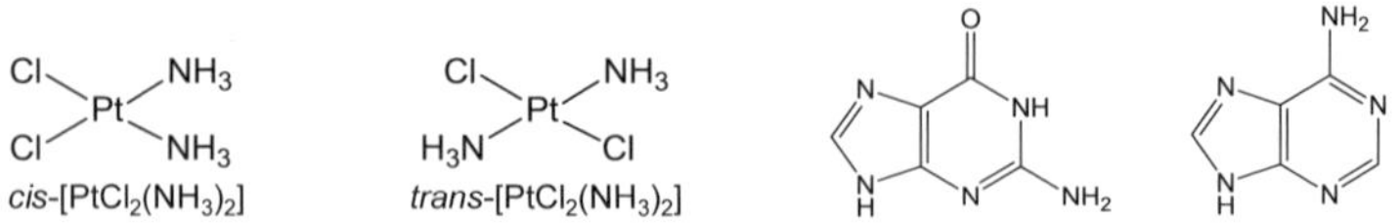

図 4.12　シスプラチンと白金に配位する核酸塩基

おける cis-$[Pt(NH_3)_2Cl_2]$ においては，DNA 中のグアニンやアデニンが Pt に配位する（図 4.12）．この際，intrastrand cross-link（鎖内架橋）の構造を主にとり，全体の歪みが小さいため，修復されることなく，正常細胞とともにがん細胞のDNA 複製を阻害する．これが，シスプラチンの抗がん剤としての機能である．興味深いのは，$trans$-$[Pt(NH_3)_2Cl_2]$ が抗がん不活性である点である．$trans$-$[Pt(NH_3)_2Cl_2]$ においても同様に，DNA 中のグアニンやアデニンが Pt に配位する．しかし，$trans$ 構造であるため，interstrand cross-link（鎖間架橋）の構造を主にとり，全体の歪みが大きく，修復されてしまう．そのために，cis-$[Pt(NH_3)_2Cl_2]$ は抗がん剤としてはたらき，$trans$-$[Pt(NH_3)_2Cl_2]$ は抗がん不活性であると考えられている．

b.　キレーション療法

　体内に蓄積した重金属や老廃物などを血液中から除く目的として，キレーション療法が行われている．この方法では，edta（エデト酸）配位子を点滴して金属を溶解させ，尿中から排泄させている（2.2.1 項 d 参照）．

c.　光線力学的がん治療

　光線力学的がん治療（PDT：photodynamic therapy）とは，がん親和性光増感剤をがん細胞に取り込ませ，光増感剤をレーザー照射することで一重項酸素を生成し，がん細胞を攻撃する療法である（図 4.13）．一般には，光増感剤を光励起し，光増感剤から酸素分子へのエネルギー移動により一重項酸素は生成される．この光増感剤としては，ヘマトポルフィリンやクロリン e6 など多くのポルフィリン類縁体が利用および研究されている．

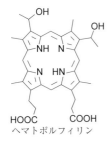

ヘマトポルフィリン

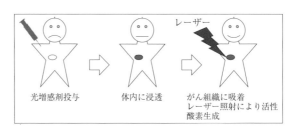

光増感剤投与　　体内に浸透　　がん組織に吸着
レーザー照射により活性
酸素生成

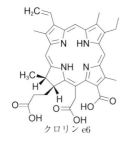

クロリン e6

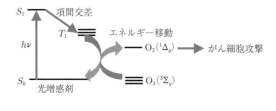

図 **4.13**　光線力学的がん治療

付　録

A.　結晶場分裂の近似的な計算

式(2.4)をそのまま扱うのはやや煩雑な計算を要するので，V を式(A.1)の関数を使って近似したときの計算結果を示す．このポテンシャルは図 A.1 のような方向依存性をもっている（配位原子の配置は図 2.7 と同じ）．

$$V = V_0 \frac{x^4+y^4+z^4}{r^4} = V_0 \sin^4\theta(\sin^4\varphi + \cos^4\varphi) + \cos^4\theta \tag{A.1}$$

係数の V_0 は式(2.7)の積分の結果を含んでおり，配位するイオンによる平均的な静電ポテンシャル D と，3d 軌道の広がりで決まる値 q に比例する．

式(2.9)の積分計算により，$\langle l, m|\boldsymbol{v}|l', m'\rangle$ の値を求める．たとえば $l=l'=2$，$m=m'=0$ の場合，表 2.1 を参照して以下のように計算する．

$$
\begin{aligned}
\langle 2, 0|\boldsymbol{v}|2, 0\rangle &= \int_0^{2\pi}\int_0^{\pi} Y_{2,0}{}^*(\theta, \varphi)\, V(\theta, \varphi)\, Y_{2,0}(\theta, \varphi) \sin\theta\, \mathrm{d}\theta\mathrm{d}\varphi \\
&= \left(\frac{\sqrt{5}}{4\sqrt{\pi}}\right)^2 V_0 \int_0^{2\pi}\int_0^{\pi} (3\cos^2\theta-1)^2\{\sin^4\theta(\sin^4\varphi+\cos^4\varphi)+\cos^4\theta\}\sin\theta\,\mathrm{d}\theta\mathrm{d}\varphi \\
&= \frac{5}{32} V_0 \int_0^{\pi} (3\cos^2\theta-1)^2\{3\sin^4\theta+4\cos^4\theta\}\sin\theta\,\mathrm{d}\theta \\
&= \frac{5}{32} V_0 \int_{-1}^{1} (3x^2-1)^2\{3(1-x^2)^2+4x^4\}\mathrm{d}x = \frac{5}{7} V_0
\end{aligned} \tag{A.2}
$$

他の行列要素も同様に求められる．

図 A.1　八面体型配位構造における近似的な静電ポテンシャル
（$r = V(x, y, z)$ のグラフで表した）

$$
\begin{cases}
\langle 2, 0|\boldsymbol{v}|2, 0\rangle = \dfrac{5}{7}V_0 \\[2mm]
\langle 2, 1|\boldsymbol{v}|2, 1\rangle = \langle 2, -1|\boldsymbol{v}|2, -1\rangle = \dfrac{11}{21}V_0 \\[2mm]
\langle 2, 2|\boldsymbol{v}|2, 2\rangle = \langle 2, -2|\boldsymbol{v}|2, -2\rangle = \dfrac{13}{21}V_0 \\[2mm]
\langle 2, 2|\boldsymbol{v}|2, -2\rangle = \langle 2, -2|\boldsymbol{v}|2, 2\rangle = \dfrac{2}{21}V_0
\end{cases} \tag{A.3}
$$

上記以外の組合せは 0

　これらを式(2.8)に代入すれば，固有値 $E_{CF}=5V_0/7$(二重解)，$11V_0/21$(三重解)と，それに対応する波動関数が得られる．つまり式(A.1)のポテンシャルの効果で，もともと縮重していた d 軌道の間に $4V_0/21$ のエネルギー差が生じたことになる．厳密なポテンシャル関数を用いた計算では，このエネルギー差が $10Dq$ となる．

B.　Hückel 法による配位子場分裂の計算

　配位子の σ 軌道全体がつくる分子軌道を，単純 Hückel 法で求めよう．分子軌道 ψ を各配位原子の原子軌道 ϕ の線形結合で表し，Coulomb(クーロン)積分 α，共鳴積分 β を以下のように定義する．

$$
\psi = \sum_{i=1}^{6} c_m \phi_i \tag{B.1}
$$

$$
\int \phi_i{}^* H \phi_j\,\mathrm{d}\tau \equiv \langle i|\mathcal{H}|j\rangle =
\begin{cases}
\alpha & (i = j) \\
\beta & (i \neq j,\ \phi_i \text{ と } \phi_j \text{ が隣接している}) \\
0 & (i \neq j,\ \phi_i \text{ と } \phi_j \text{ が隣接していない})
\end{cases} \tag{B.2}
$$

配位子の番号づけを図 B.1 のようにすると，Schrödinger 方程式は式(B.3)に示

図 B.1　八面体型錯体の分子軌道モデル

す固有値方程式に帰せられる.

$$\begin{pmatrix} \alpha & \beta & 0 & \beta & \beta & \beta \\ \beta & \alpha & \beta & 0 & \beta & \beta \\ 0 & \beta & \alpha & \beta & \beta & \beta \\ \beta & 0 & \beta & \alpha & \beta & \beta \\ \beta & \beta & \beta & \beta & \alpha & 0 \\ \beta & \beta & \beta & \beta & 0 & \alpha \end{pmatrix} \begin{pmatrix} c_1 \\ c_2 \\ c_3 \\ c_4 \\ c_5 \\ c_6 \end{pmatrix} = \varepsilon \begin{pmatrix} c_1 \\ c_2 \\ c_3 \\ c_4 \\ c_5 \\ c_6 \end{pmatrix} \tag{B.3}$$

この固有値方程式を解くと,固有値 $\alpha + 4\beta$,α(三重解),$\alpha - 2\beta$(二重解)が得られ,対応する固有関数が図 2.11 のように描かれる.

C.　Hartree-Fock 理論による対形成エネルギーの解釈

　HF 理論は,1 個の電子はただ 1 個の軌道を占めることができる,というところを出発点とする.つまり α スピンの電子(上向き矢印で表す)と β スピンの電子(下向き矢印で表す)には別々の軌道が用意されている.これは,「一つの軌道には 2 個までの電子が収納できる」という原始的な構成原理に比べてややなじみにくいかもしれないが,電子配置の多様性を一つの特徴とする錯体化学とは相性が良い.α スピン電子のための軌道を ψ_i,β スピン電子のための軌道を $\overline{\psi}_i$(上線付き)で表す.これらの軌道を(空間座標のみの関数で表す分子軌道とは区別して)スピン軌道とよぶ.図 2.9 の電子配置を,スピン軌道を使って書き直すと図 C.1 になる.

　HF 近似では,全電子エネルギー E_{HF} が式(C.1)で表される.

$$E_{HF} = \sum_i^{occ} h_i + \sum_{i<j}^{occ} J_{ij} - \sum_{i<j}^{occ,parallel} K_{ij} \tag{C.1}$$

ここで h_i は 1 電子エネルギーで,その内容は軌道 i を占めている電子の運動

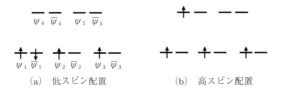

(a)　低スピン配置　　　　　(b)　高スピン配置

図 C.1　スピン軌道と電子配置

エネルギーと核電荷によるポテンシャルエネルギーである．J_{ij} は Coulomb 積分というエネルギー項で，電子間の Coulomb 反発を表す．K_{ij} は交換積分というエネルギー項で，電子の「交換に関する反対称性」という性質に由来する安定化項である．和記号は電子が占めている（occ＝occupied の略）スピン軌道について和をとることを表す．ただし最後の項だけは，軌道 i と j が同じ向き（parallel）のスピンであるときに限って和をとる．図 2.17 に示した d^4 イオンの場合，低スピン（ls）と高スピン（hs）の電子配置に対応するエネルギーはそれぞれ，以下のように書ける．

$$E_{HF}(ls)=2h_1+h_2+h_3+J_{11}+2J_{12}+2J_{13}+J_{23}-K_{12}-K_{13}-K_{23} \qquad (C.2a)$$

$$E_{HF}(hs)=h_1+h_2+h_3+h_4+J_{12}+J_{13}+J_{14}+J_{23}+J_{24}+J_{34}$$
$$-K_{12}-K_{13}-K_{14}-K_{23}-K_{24}-K_{34} \qquad (C.2b)$$

簡単のため，J_{ii}, J_{ij}, $K_{ij}(i \neq j)$ は i, j によらずほぼ一定とみてそれぞれ J', J, K とし，$h_1=h_2=h_3$, $h_4=h_5$ とすると，両配置のエネルギー差 ΔE は，式（C.3）で与えられる．

$$\Delta E = E_{HF}(hs)-E_{HF}(ls)$$
$$= -h_1+h_4-J'+J-3K$$
$$= \Delta_0 - P \qquad (C.3)$$

ここで Δ_0 は d 軌道の分裂幅（$h_4-h_1=10Dq$）である．P は同じ分子軌道内で電子がスピン対をつくるのに必要な対形成エネルギーで，d 電子の数が 4，5 の場合は $J'-J+3K$，d 電子の数が 6，7 の場合は $J'-J+2K$ となる．

D.　2 電子系のスピン固有関数の求め方

2 電子系の場合について，スピンの状態ベクトルは以下の 4 通りが考えられる．

$$|\alpha\alpha\rangle \equiv |\alpha(1)\rangle \otimes |\alpha(2)\rangle \qquad (D.1a)$$
$$|\alpha\beta\rangle \equiv |\alpha(1)\rangle \otimes |\beta(2)\rangle \qquad (D.1b)$$
$$|\beta\alpha\rangle \equiv |\beta(1)\rangle \otimes |\alpha(2)\rangle \qquad (D.1c)$$
$$|\beta\beta\rangle \equiv |\beta(1)\rangle \otimes |\beta(2)\rangle \qquad (D.1d)$$

記号 $\otimes$ はテンソル積の意味だが，「電子 1 のスピンが α でありかつ電子 2 のスピンが β でありかつ……」の「かつ」を表していると考えておけば十分である．

2 スピン系では，スピン角運動量演算子は次のようになる．S_1, S_{1z} の演算子

は電子 1 の状態ベクトルのみに作用する（電子 2 についても同様）.

$$S^2 = (S_1 + S_2)^2$$
$$S_z = S_{1z} + S_{2z} \tag{D.2}$$

図 2.18 の状態が S_z の固有状態になっていることは容易に示せる. 式(D.2)の S_z を式(D.1a)に作用させると, 固有値 m_s が 1 になることがわかる.

$$S_z|\alpha\alpha\rangle = S_{1z}|\alpha\alpha\rangle + S_{2z}|\alpha\alpha\rangle$$
$$= \frac{1}{2}|\alpha\alpha\rangle + \frac{1}{2}|\alpha\alpha\rangle$$
$$= 1|\alpha\alpha\rangle \tag{D.3}$$

同様に S_z を式(D.1b〜d)に作用させると, 固有値はそれぞれ $0, 0, -1$ になる.

これらの状態は, 実は S^2 の固有状態にはなっていない. S^2 の固有状態を探すには, これら四つのベクトルを基底として適当な線形結合をとる必要がある. 固有状態ベクトルを式(D.4)のように書いて, 式(D.5)の固有値方程式を解けばよい.

$$|\sigma\rangle = c_1|\alpha\alpha\rangle + c_2|\alpha\beta\rangle + c_3|\beta\alpha\rangle + c_4|\beta\beta\rangle \tag{D.4}$$

$$\begin{pmatrix} \langle\alpha\alpha|S^2|\alpha\alpha\rangle & \langle\alpha\alpha|S^2|\alpha\beta\rangle & \langle\alpha\alpha|S^2|\beta\alpha\rangle & \langle\alpha\alpha|S^2|\beta\beta\rangle \\ \langle\alpha\beta|S^2|\alpha\alpha\rangle & \langle\alpha\beta|S^2|\alpha\beta\rangle & \langle\alpha\beta|S^2|\beta\alpha\rangle & \langle\alpha\beta|S^2|\beta\beta\rangle \\ \langle\beta\alpha|S^2|\alpha\alpha\rangle & \langle\beta\alpha|S^2|\alpha\beta\rangle & \langle\beta\alpha|S^2|\beta\alpha\rangle & \langle\beta\alpha|S^2|\beta\beta\rangle \\ \langle\beta\beta|S^2|\alpha\alpha\rangle & \langle\beta\beta|S^2|\alpha\beta\rangle & \langle\beta\beta|S^2|\beta\alpha\rangle & \langle\beta\beta|S^2|\beta\beta\rangle \end{pmatrix} \begin{pmatrix} c_1 \\ c_2 \\ c_3 \\ c_4 \end{pmatrix} = S(S+1) \begin{pmatrix} c_1 \\ c_2 \\ c_3 \\ c_4 \end{pmatrix}$$

$$\tag{D.5}$$

S^2 は変形して式(D.6)のように展開できる[2].

$$S^2 = (S_1 + S_2)^2$$
$$= (S_{1z} + S_{2z})(S_{1z} + S_{2z} - 1) + (S_{1+} + S_{2+})(S_{1-} + S_{2-}) \tag{D.6}$$

ここで S_+, S_- はそれぞれ上昇演算子, 下降演算子とよばれ, 以下の性質をもつ.

$$S_+|\beta\rangle = |\alpha\rangle, S_+|\alpha\rangle = 0$$
$$S_-|\alpha\rangle = |\beta\rangle, S_-|\beta\rangle = 0 \tag{D.7}$$

式(D.6), (D.7)を使って式(D.5)の行列要素を計算し, 固有値と固有ベクトルを求めると表 2.2 のようになる.

表 2.2 中の解は S と S_z の同時固有ベクトルとなるよう選ばれており, これは外磁場が十分大きいときの極限であることを意味する. ゼロ磁場の場合にはスピン間相互作用の寄与率が大きいため, $S=1$ の固有ベクトルは

$\frac{1}{\sqrt{2}}|\alpha\alpha\rangle + \frac{1}{\sqrt{2}}|\beta\beta\rangle$, $\frac{1}{\sqrt{2}}|\alpha\beta\rangle + \frac{1}{\sqrt{2}}|\beta\alpha\rangle$, $\frac{1}{\sqrt{2}}|\alpha\alpha\rangle - \frac{1}{\sqrt{2}}|\beta\beta\rangle$ の形になる.

E. *LS* 結 合

　分子の中の電子は，スピン角運動量のほかに，分子軌道の形に由来する軌道角運動量をもつ. どちらも角運動量としての性質をもつので，両者の和(ベクトル的な和)をとり，**全角運動量**J として扱うほうが便利なときがある. あまり重くない原子(概ね $Z = 30$ 以下)では，軌道角運動量とスピン角運動量の結合(スピン軌道相互作用)が小さいため，全軌道角運動量 L と全スピン角運動量 S の和が，分子全体の状態を記述するのに適切な量子数となる. この近似を **LS 結合**(または **Russell-Saunders**(ラッセル・サンダーズ)結合)という. J がとり得る値は，$L+S, L+S-1, \cdots, |L-S|$ で，$L \geqq S$ ならば $2S+1$ 通り($L < S$ ならば $2L+1$ 通り)ある. これらの状態(項)はすべてエネルギー的に縮重しており，この1組を**多重項**とよぶ. 項の表記には，$L = 0, 1, 2, 3, \cdots$ に対して S, P, D, F, … の記号を使い，左上にスピン多重度 $2S+1$, 右下に J の値を書く. たとえば $L = 1$, $S = 1$ の場合は $J = 2, 1, 0$ の3通りであり，それぞれ ${}^3P_2, {}^3P_1, {}^3P_0$ と書く. ベクトルを用いて模式化すると図 E.1 のようになる(各 J についてさらに $M_J = J, J-1, \cdots, -J$ の磁気量子数があり，$2J+1$ 重に縮重しているが，煩雑になるので省略してある).

　電子状態を多重項の記号で表したときの，S, P, D, F, … が示す内容を具体的に考える. d 電子が1個の場合は，その電子の方位量子数 l がそのまま全軌道角運動量 L に等しい. d 電子が2個以上の場合に全軌道角運動量を求めるには，やや面倒な計算を必要とするが，基本的には付録 D のスピン多重度を求める方法と同じである. 以下，d^2 系の場合についてのみ記しておく.

　2電子系の波動関数の角度依存部分を以下のようにテンソル積で書く(式(C.1)も参照).

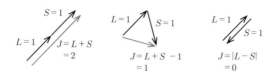

図 E.1 *LS* 結合のベクトル模型

$$|l, m ; l', m'\rangle \equiv |l, m(1)\rangle \otimes |l', m'(2)\rangle \tag{E.1}$$

記号 $\otimes$ はテンソル積の意味だが,「電子 1 の方位量子数と磁気量子数が l, m でありかつ電子 2 の方位量子数と磁気量子数が l', m'」の「かつ」を表していると考えておけば十分である.

全角運動量が L, その z 成分が M である固有状態ベクトル $|L, M\rangle$ は, 式 (E.1) のテンソルを基底とした線形結合 (式 (E.2)) で表せる. d 軌道なら $l=2$ なので, m は 2, 1, 0, -1, -2 の 5 通りの値をとり得る.

$$|L, M\rangle = \sum_{m, m'=-l}^{l} c_{l, m, l', m'}^{L, M} |l, m ; l', m'\rangle \tag{E.2}$$

軌道角運動量の演算子 $\boldsymbol{L}$ は, スピン角運動量の演算子に似て, 以下のように書ける.

$$\begin{aligned}
\boldsymbol{L}^2 &= (\boldsymbol{L}_1 + \boldsymbol{L}_2)^2 \\
&= (\boldsymbol{L}_{1z} + \boldsymbol{L}_{2z})(\boldsymbol{L}_{1z} + \boldsymbol{L}_{2z} - 1) + (\boldsymbol{L}_{1+} + \boldsymbol{L}_{2+})(\boldsymbol{L}_{1-} + \boldsymbol{L}_{2-})
\end{aligned} \tag{E.3}$$

ここで $\boldsymbol{L}_+$, $\boldsymbol{L}_-$ は上昇演算子, 下降演算子である (式 (E.4)). スピンのときと少し違った形にみえるが, 式 (D.7) は式 (E.4) の特殊な場合にすぎないことを読者各自で確認されたい.

$$\begin{aligned}
\boldsymbol{L}_+ |l, m\rangle &= \sqrt{l(l+1) - m(m+1)} |l, m+1\rangle \\
\boldsymbol{L}_- |l, m\rangle &= \sqrt{l(l+1) - m(m-1)} |l, m-1\rangle
\end{aligned} \tag{E.4}$$

上記の演算子を使って, 行列要素 $\langle l, m ; l', m' | \boldsymbol{L}^2 | l'', m'' ; l^m, m^m \rangle$ を求めることができる. この行列 (サイズは 25×25) の固有値, 固有ベクトルを求めれば目的は達成される. $L = 0, 1, 2$ の解のみ示しておく.

表 E.1 中の係数 $\{c_{l, m, l', m'}^{L, M}\}$ は **Clebsh-Gordan**(クレブシュ・ゴルダン)係数として知られる数列の一部である. m と m' の和をとれば M がわかる (それぞれの $|L, M\rangle$ に現れる基底ベクトルは, すべて $m + m' = M$ を満たしていることを確かめよう). それ以外の基底ベクトルについては, 係数は 0 である. 2 個の電子の入れ替え, つまり $|l, m ; l', m'\rangle$ と $|l', m' ; l, m\rangle$ の交換によって全体のベクトルの符号が変わらないものを「偶」, 反転するものを「奇」とすると, $L = 0, 2$ の場合は偶, $L = 1$ の場合は奇だとわかる. $|L, M\rangle$ にはスピンの情報は含まれていないから, 全波動関数は (2 電子系の) スピン状態ベクトル $|\sigma\rangle$ とのテンソル積で表す.

$$|\Psi\rangle = |L, M\rangle \otimes |\sigma\rangle \tag{E.5}$$

しかし, $|L, M\rangle$ と $|\sigma\rangle$ のすべての組合せが実現するわけではない. 電子の波動関数には,「交換に関する反対称性」という制約がある. これは, 2 個の電子を

表 E.1 d^2 系における全軌道角運動量の固有ベクトル

L	M	固有ベクトル $|L, M\rangle$
0	0	$\dfrac{1}{\sqrt{5}}(|2, 2 \,;\, 2, -2\rangle - |2, 1 \,;\, 2, -1\rangle + |2, 0 \,;\, 2, 0\rangle - |2, -1 \,;\, 2, 1\rangle + |2, -2 \,;\, 2, 2\rangle)$
1	1	$\dfrac{1}{\sqrt{5}}(|2, 2 \,;\, 2, -1\rangle - |2, -1 \,;\, 2, 2\rangle) - \dfrac{\sqrt{3}}{\sqrt{10}}(|2, 1 \,;\, 2, 0\rangle - |2, 0 \,;\, 2, 1\rangle)$
1	0	$\dfrac{2}{\sqrt{10}}(|2, 2 \,;\, 2, -2\rangle - |2, -2 \,;\, 2, 2\rangle) - \dfrac{1}{\sqrt{10}}(|2, 1 \,;\, 2, -1\rangle - |2, -1 \,;\, 2, 1\rangle)$
1	-1	$-\dfrac{1}{\sqrt{5}}(|2, -2 \,;\, 2, 1\rangle - |2, 1 \,;\, 2, -2\rangle) + \dfrac{\sqrt{3}}{\sqrt{10}}(|2, -1 \,;\, 2, 0\rangle - |2, 0 \,;\, 2, -1\rangle)$
2	2	$\dfrac{\sqrt{2}}{\sqrt{7}}(|2, 2 \,;\, 2, 0\rangle + |2, 0 \,;\, 2, 2\rangle) - \dfrac{\sqrt{3}}{\sqrt{7}}|2, 1 \,;\, 2, 1\rangle$
2	1	$\dfrac{\sqrt{3}}{\sqrt{7}}(|2, 2 \,;\, 2, -1\rangle + |2, -1 \,;\, 2, 2\rangle) - \dfrac{1}{\sqrt{14}}(|2, 1 \,;\, 2, 0\rangle + |2, 0 \,;\, 2, 1\rangle)$
2	0	$\dfrac{2}{\sqrt{14}}(|2, 2 \,;\, 2, -2\rangle - |2, 0 \,;\, 2, 0\rangle + |2, -2 \,;\, 2, 2\rangle) + \dfrac{1}{\sqrt{14}}(|2, 1 \,;\, 2, -1\rangle + |2, -1 \,;\, 2, 1\rangle)$
2	-1	$\dfrac{\sqrt{3}}{\sqrt{7}}(|2, -2 \,;\, 2, 1\rangle + |2, 1 \,;\, 2, -2\rangle) - \dfrac{1}{\sqrt{14}}(|2, -1 \,;\, 2, 0\rangle + |2, 0 \,;\, 2, -1\rangle)$
2	-2	$\dfrac{\sqrt{2}}{\sqrt{7}}(|2, -2 \,;\, 2, 0\rangle + |2, 0 \,;\, 2, -2\rangle) - \dfrac{\sqrt{3}}{\sqrt{7}}|2, -1 \,;\, 2, -1\rangle$

表 E.2 d^2 系における LS 結合で生じる項

$L(M)$		S		J	項
$0(0)$	偶	0	奇	0	$^1S_0$
$1(1, \ 0, \ -1)$	奇	1	偶	2, 1, 0	$^3P_2, \ ^3P_1, \ ^3P_0$
$2(2, \ 1, \ 0, \ -1, \ -2)$	偶	0	奇	2	$^1D_2$
$3(3, \ 2, \ 1, \ 0, \ -1, \ -2, \ -3)$	奇	1	偶	4, 3, 2	$^3F_4, \ ^3F_3, \ ^3F_2$
$4(4, \ 3, \ 2, \ 1, \ 0, \ -1, \ -2, \ -3, \ -4)$	偶	0	奇	4	$^1G_4$

入れ替えたときに波動関数の符号が反転する性質のことで，**Pauli** の排他原理の数学的な表現になっている．もしも二つの電子がまったく同じ状態をとると仮定したら，その二つを入れ替えても波動関数は変わらないはずだが，ここで符号反転の条件を加えると解は0でしかあり得ない．つまり，そのような状態は禁じられている．したがって，交換に関して $|L, M\rangle$ が偶であれば $|\sigma\rangle$ は奇（$S=0$）でなければならないし，$|L, M\rangle$ が奇であれば $|\sigma\rangle$ は偶（$S=1$）でなくてはならない．まとめると，d^2 系で可能な項は表 E.2 のようになる．

　d 電子の数が3個，4個……と増えるにつれて，行列のサイズ（固有状態の数）も格段に大きくなるが，基本的には同じ方法で固有状態を求めることができる．

F.　スピン選択則

　始状態，終状態を式（F.1）のようにそれぞれ添え字 i, f を付けて書く（ただし，L, M は分子内の全電子についての値．付録 E を参照）と，遷移モーメントは以下のように計算できる．

$$\mu_{\mathrm{tr}} = \langle \sigma_i | \otimes \langle L_i, M_i | \sum_k^{\text{all electrons}} er_k | L_f, M_f \rangle \otimes | \sigma_f \rangle$$

$$= \langle L_i, M_i | \sum_k^{\text{all electrons}} er_k | L_f, M_f \rangle \langle \sigma_i | \sigma_f \rangle \tag{F.1}$$

演算子 er はスピン状態ベクトルに対して何も作用しないため，$\langle \sigma_i | \sigma_f \rangle$ は括り出せる．始状態と終状態でスピン多重度が違えば $\langle \sigma_i | \sigma_f \rangle$ が 0 になるため，遷移確率は0になる．

　第五周期以降の原子では，**スピン軌道相互作用**が顕著になってくるため，LS 結合による表現はあまり良い近似ではなくなってくる（重原子効果）．スピン軌道相互作用とは，スピン角運動量と軌道角運動量との磁気的な相互作用と解釈される．この効果はハミルトニアンに以下の形で入る．

$$\mathcal{H} = \mathcal{H}_0 + \xi \, \mathcal{L} \cdot S \tag{F.2}$$

　ξ をスピン–軌道結合定数という．$\mathcal{L}$ と S の両方に関係する演算子があるので，もはや $|L, M\rangle$ と $|\sigma\rangle$ の基底は別々に扱うことはできず，全波動関数はこれらのテンソル積を基底とした線形結合で表さなくてはならない．たとえば $|\sigma_{\mathrm{S}}\rangle$, $|\sigma_{\mathrm{T}}\rangle$ をそれぞれ一重項，三重項のスピン状態ベクトルとして，式（F.3）のように表す．

$$|\Psi\rangle = c_{\mathrm{S}} |L, M\rangle \otimes |\sigma_{\mathrm{S}}\rangle + c_{\mathrm{T}} |L', M'\rangle \otimes |\sigma_{\mathrm{T}}\rangle \tag{F.3}$$

この場合，スピン多重度が純粋に1や3などの整数にならない．このような波動関数を使って遷移モーメントの値を計算すると，スピン状態ベクトルの内積として $c_{Si}{}^{*}c_{Sf}\langle\sigma_S|\sigma_S\rangle$ や $c_{Ti}{}^{*}c_{Tf}\langle\sigma_T|\sigma_T\rangle$ などの非0項が残る．そのため，あたかも多重度の異なる状態間に「抜け道」ができたようになり，遷移が観測されるようになる．

G.　Laporté(ラポルテ)の規則の証明

水素様原子イオンの $|l, m\rangle$ を使い，x 方向の電場に対する遷移モーメントを計算してみる．簡単のため1電子系を考える（$L=l$，$M=m$ となる）．x 方向の単位ベクトルが極座標表示で $\sin\theta\cos\varphi$ となることを用い，遷移モーメントを以下

表 G.1　球面調和関数の反転対称性

l	m	$\Theta_{l, m}(\theta)$		$\Phi_m(\varphi)$	
0	0	$\dfrac{1}{\sqrt{2}}$	偶	$\dfrac{1}{\sqrt{2\pi}}$	偶
1	0	$\dfrac{\sqrt{3}}{\sqrt{2}}\cos\theta$	奇	$\dfrac{1}{\sqrt{2\pi}}$	偶
1	±1	$\sqrt{3}\,\sin\theta$	偶	$\dfrac{1}{\sqrt{2\pi}}\exp(\pm i\varphi)$	奇
2	0	$\dfrac{\sqrt{5}}{2\sqrt{2}}(3\cos^2\theta-1)$	偶	$\dfrac{1}{\sqrt{2\pi}}$	偶
2	±1	$\dfrac{\sqrt{30}}{2\sqrt{2}}\sin\theta\cos\theta$	奇	$\dfrac{1}{\sqrt{2\pi}}\exp(\pm i\varphi)$	奇
2	±2	$\dfrac{\sqrt{30}}{4\sqrt{2}}\sin^2\theta$	偶	$\dfrac{1}{\sqrt{2\pi}}\exp(\pm i2\varphi)$	偶
3	0	$\dfrac{\sqrt{7}}{2\sqrt{2}}(5\cos^3\theta-3\cos\theta)$	奇	$\dfrac{1}{\sqrt{2\pi}}$	偶
3	±1	$\dfrac{\sqrt{21}}{4\sqrt{2}}\sin\theta(5\cos^2\theta-1)$	偶	$\dfrac{1}{\sqrt{2\pi}}\exp(\pm i\varphi)$	奇
3	±2	$\dfrac{\sqrt{210}}{4\sqrt{2}}\sin^2\theta\cos\theta$	奇	$\dfrac{1}{\sqrt{2\pi}}\exp(\pm i2\varphi)$	偶
3	±3	$\dfrac{\sqrt{35}}{4\sqrt{2}}\sin^3\theta$	偶	$\dfrac{1}{\sqrt{2\pi}}\exp(\pm i3\varphi)$	奇

のように計算する.

$$\langle l, m| \mu_x|l', m'\rangle = \langle l, m|-ex|l', m'\rangle$$

$$= \int_0^{2\pi}\int_0^{\pi} Y_{l,m}{}^*(\theta, \varphi)\sin\theta\cos\varphi\, Y_{l',m'}(\theta, \varphi)\sin\theta\, \mathrm{d}\theta\mathrm{d}\varphi$$

$$= \int_0^{\pi}\Theta_{l,m}^*(\theta)\Theta_{l',m'}(\theta)\sin^2\theta\, \mathrm{d}\theta \int_0^{2\pi}\Phi_m^*(\varphi)\Phi_{m'}(\varphi)\cos\varphi\, \mathrm{d}\varphi \qquad (\text{G.1})$$

ここで, 角度部分の波動関数 $Y_{l,m}(\theta, \varphi)$ は, θ の関数 $\Theta_{l,m}(\theta)$ と φ の関数 $\Phi_m(\varphi)$ の積で表されることを使った. $l=3$ までの $\Theta_{l,m}(\theta)$ と $\Phi_m(\varphi)$ の具体的な形を, 表 G.1 に示す.

θ の定積分は $0\leqq\theta\leqq\pi$ の範囲なので, 被積分関数が $\theta=\pi/2$ に関して対称(偶) か反対称(奇)かを調べれば(θ に $\pi-\theta$ を代入して, 符号が変われば「奇」), 0 か 非 0 かがすぐにわかる. $\sin^2\theta$ は偶なので, $\Theta_{l,m}(\theta)$ と $\Theta_{l',m'}(\theta)$ の組合せが偶-偶 または奇-奇であれば, 0 でない積分値が得られる. $\Theta_{l,m}(\theta)$ の偶奇は $l+m$ の偶 奇と一致する(表 G.1 にあげた以外の任意の l, m でも成り立つ)ので, この条件 は $l+m$ の値が $0, \pm 2, \pm 4, \cdots$ のとき満たされる.

φ の定積分は $0\leqq\varphi\leqq 2\pi$ の範囲(原点の周りの 1 回転)なので, 被積分関数が原 点に関して対称(偶)か反対称(奇)かを調べればよい(φ に $\pi+\varphi$ を代入して符号 が変われば「奇」). $\Phi_m(\varphi)$ の偶奇は m の偶奇と一致する. $\cos\varphi$(奇)との積を とったとき, $\Phi_m(\varphi)$ と $\Phi_{m'}(\varphi)$ の組合せが奇-偶または偶-奇であれば, 0 でない 積分値が得られる. この条件は $\Delta M=\pm 1, \pm 3, \pm 5, \cdots$ のときに満たされる. 上 記 $\Theta_{l,m}(\theta)$ の条件と合わせれば, $\Delta L=\pm 1, \pm 3, \pm 5, \cdots$ だとわかる. この法則は 当初 Laporté により実験的に導かれた. 厳密には偶奇以外の制約も加味され, 式 (2.18)だけが許容遷移の条件であることが, 双極子近似(式(2.16))に基づく計算 により説明される.

H.　振動電子結合

分子の全状態を, これまで用いてきた電子状態と, 分子振動の状態ベクトルと のテンソル積で記述する(厳密にはさらに回転状態ベクトルも加味する必要があ るが省略する). 電子状態のベクトルは電子の空間座標に関するベクトルとスピ ン状態ベクトルのテンソル積だったが, これをまとめて $|\Psi_{\mathrm{el}}\rangle$ と書き, 分子振動 の状態ベクトルを $|\Psi_{\mathrm{vib}}\rangle$ と書く.

$$|\Psi\rangle = |L, M\rangle \otimes |\sigma\rangle \otimes |\Psi_{\mathrm{vib}}\rangle$$
$$\equiv |\Psi_{\mathrm{el}}\rangle \otimes |\Psi_{\mathrm{vib}}\rangle \qquad (\mathrm{H}.1)$$

遷移モーメントの計算は，式(F.1)と同様に以下のように書ける．

$$\mu_{\mathrm{tr}} = \langle \Psi_{\mathrm{vib, i}}| \otimes \langle \Psi_{\mathrm{el, i}}| \sum_{k}^{\text{all electrons}} er_k |\Psi_{\mathrm{el, t}}\rangle \otimes |\Psi_{\mathrm{vib, t}}\rangle \qquad (\mathrm{H}.2)$$

双極子モーメントの演算子は電子位置の観測に対応するので，$|\Psi_{\mathrm{vib}}\rangle$ にも作用する(分子が振動すると電子位置も変わるため)．したがって，スピンのとき(式(F.1))のように $\langle \Psi_{\mathrm{vib, i}}|\Psi_{\mathrm{vib, t}}\rangle$ を括り出してしまうわけにはいかない．Laporté の規則では，遷移モーメントが 0 か非 0 かを決定するのに $|\Psi_{\mathrm{el}}\rangle$ の偶奇だけを基準にしていたが，振動電子結合がある系では $|\Psi_{\mathrm{el}}\rangle \otimes |\Psi_{\mathrm{vib}}\rangle$ の偶奇を基準にしなければならない．これは電場と双極子の相互作用を通じて電子の波動関数と振動の波動関数が結合したことを意味している．

参 考 文 献

[第 1 章]
- [1] B. O'Regan, M. Grätzel, *Nature* **1991**, *353*, 737.
- [2] Baldo, et al., *Nature* **2000**, *403*, 750.
- [3] 萩野博・飛田博実・岡崎雅明, 基本無機化学(第 2 版), 東京化学同人, **2006**.
- [4] 佐々木陽一・石谷治編著, 金属錯体の光化学　錯体化学会選書, 三共出版, **2007**.
- [5] 上村洸・菅野暁・田辺行人, 配位子場理論とその応用, 裳華房, **1969**.

[第 2 章]
- [1] 小川桂一郎・小島憲道編, 新版　現代物性化学の基礎, 講談社, **2010**.
- [2] 猪木慶治・川合光, 量子力学(Ⅰ・Ⅱ), 講談社, **1994**.
- [3] コットン, 群論の化学への応用, 中原勝儼訳, 丸善, **1980**.
- [4] 友田修司, フロンティア軌道論で化学を考える, 講談社, **2007**.
- [5] A. ザボ・N.S. オストランド, 新しい量子化学(上・下), 大野公男・阪井健男・望月祐志訳, 東京大学出版会, **1987**, **1988**.
- [6] 米沢貞次郎・永田親義・加藤博史・今村詮・諸熊奎治, 三訂　量子化学入門(上・下), 化学同人, **1994**.
- [7] アトキンス・オバートン・ルーク・ウェラー・アームストロング, シュライバー・アトキンス　無機化学　第 4 版(上・下), 田中勝久・平生一之・北川進訳, 東京化学同人, **2008**.
- [8] 萩野博・飛田博実・岡崎雅明, 基本無機化学(第 2 版), 東京化学同人, **2006**.

[第 4 章]
- [1] 萩野博・飛田博実・岡崎雅明, 基本無機化学(第 2 版), 東京化学同人, **2006**.
- [2] 白浜啓四郎・杉原剛介編著, 井上亨・柴田攻・山口武夫共著, 生物物理化学の基礎：生体現象理解のために, 三共出版, **2003**.

索　引

東京大学工学教程

著者の現職

石井 和之（いしい・かずゆき）
東京大学生産技術研究所 教授
北條 博彦（ほうじょう・ひろひこ）
東京大学環境安全研究センター 教授
西林 仁昭（にしばやし・よしあき）
東京大学大学院工学系研究科応用化学専攻 教授

東京大学工学教程　基礎系　化学
無機化学Ⅱ：金属錯体化学

　　　　　　　　　　　令和5年7月30日　発　行

編　者　　東京大学工学教程編纂委員会

著　者　　石井　和之・北條　博彦・西林　仁昭

発行者　　池　田　和　博

発行所　　丸善出版株式会社
　　　　　〒101-0051 東京都千代田区神田神保町二丁目17番
　　　　　編集：電話 (03) 3512-3261／FAX (03) 3512-3272
　　　　　営業：電話 (03) 3512-3256／FAX (03) 3512-3270
　　　　　https://www.maruzen-publishing.co.jp

Ⓒ The University of Tokyo, 2023

組版印刷・製本／三美印刷株式会社

ISBN 978-4-621-30819-6　C 3343　　　　　Printed in Japan